万物可爱
零基础黏土手工制作教程

视频教学版

❤ 两只猫手作 编著
❤ 爱林博悦 组编

人民邮电出版社
北京

图书在版编目（CIP）数据

万物可爱 ：零基础黏土手工制作教程 ：视频教学版/
两只猫手作编著 ；爱林博悦组编. -- 北京 ：人民邮电
出版社，2023.5
ISBN 978-7-115-59537-9

Ⅰ. ①万… Ⅱ. ①两… ②爱… Ⅲ. ①粘土－手工艺
品－制作－教材 Ⅳ. ①TS973.5

中国版本图书馆CIP数据核字(2022)第113084号

内容提要

黏土是大家日常生活中常用的手工材料之一，用超轻黏土制作的作品软萌可爱。你是否想尝试一下?本书是一本针对零基础读者的黏土手工制作教程。

全书共6章。第1章介绍了制作超轻黏土手工之前需要了解和掌握的基础知识和技巧；第2章~第6章讲解了深受大家喜爱的清雅植物、呆萌动物、美味食物、传统节日、创意黏土画等题材的黏土手工制作方法。本书的案例软萌可爱，并附赠配套视频教程，可以让小朋友和大朋友快速上手，做出心目中的黏土手工作品。

本书适合爱好手工的小朋友与大朋友阅读，也适合作为幼教老师和相关培训机构的参考用书。

◆ 编　　著　两只猫手作
　组　　编　爱林博悦
　责任编辑　刘宏伟
　责任印制　周昇亮

◆ 人民邮电出版社出版发行　　北京市丰台区成寿寺路 11 号
　邮编　100164　　电子邮件　315@ptpress.com.cn
　网址　https://www.ptpress.com.cn
　廊坊市印艺阁数字科技有限公司印刷

◆ 开本：787×1092　1/20
　印张：7.2　　2023 年 5 月第 1 版
　字数：230 千字　　2025 年 4 月河北第 6 次印刷

定价：59.90 元

读者服务热线：(010)81055296　印装质量热线：(010)81055316
反盗版热线：(010)81055315

前言

Preface

亲爱的小伙伴们，你们好呀！我是两只猫，大家也可以叫我猫猫老师。非常高兴在这里和你们相遇，这本书也将是我们缘分的开始。

我捏黏土快3年了，从小萌物到人物，收获了一屋子超可爱的黏土作品。捏黏土的过程让人放松且快乐，做出作品的那一刻更是能收获满满的成就感。如果你也想拥有一屋子这样的小可爱，那就赶快来动手制作吧！

这是我第一本黏土作品教程书，书中对超轻黏土制作工具进行了介绍，还讲解了如何捏制可爱的作品造型，其中有植物、动物、食物、节庆场景、黏土画等，其中总有能打动你的制作题材。

在这里，有超级可爱的作品等你来学习，相信大家会非常喜欢！

希望大家都能在自己的世界里，用黏土捏出属于自己的小可爱。

——爱你们的两只猫手作

目录

Contents

第 1 章

超轻黏土手工制作须知

第2章

一起来逛植物园

第3章

一起来逛动物园

第4章

一起来变身美食达人

第5章

放假啦 过节啦

第6章

梦幻世界 黏土画的制作

Chapter 1

第1章 超轻黏土手工制作须知

超轻黏土手工制作离不开相关的制作材料、塑形工具，以及用于美化装饰的各种好物，现在就跟随本书来看看会用到哪些东西吧。

1 什么是超轻黏土

超轻黏土是一种环保安全的新型手工造型材料，它区别于软陶、橡皮泥等手工材料，属于纸黏土的一种。

超轻黏土捏塑容易，手感舒适，做出的作品很可爱，在自然晾干后能保存很久，适合制作黏土玩偶、仿真动植物、浮雕壁饰等手工艺作品。

不同超轻黏土品牌的特点

超轻黏土的国内外品牌有很多，大家可以自行去了解。此处我们简单介绍本书中使用的具象和小哥比两种常用的超轻黏土品牌。

◆ 具象

具象和小哥比超轻黏土均属于手作专业型黏土，两种黏土的土质细腻柔软、造型能力强，干燥后基本不会变形，适合制作精细的作品。就算是废了的黏土，也可以用来做石头、底座等场景配件。在价格方面，具象超轻黏土比小哥比超轻黏土更经济实惠。

超轻黏土的使用说明

1. 造型前，需要充分揉捏黏土，尽可能地将黏土里的气泡挤出。

2. 黏土有多种颜色，还可以用基本颜色按比例调配出各种颜色，容易混合，且易操作。

3. 作品只需自然晾干即可。

4. 黏土容易保存，在黏土快干的时候，加入一些水来保湿，它就又能恢复原状。

2 塑形工具

虽然制作黏土作品主要是靠一双巧手，但在一些塑形工具的帮助下，即便没有巧手，你也能做出可爱且精致的黏土手工作品。

常用工具及其使用方法

下面介绍制作黏土作品时常用的黏土塑形工具及其具体应用方法，我们一起来看看吧。

◆ 工具详解

擀泥杖

用于把黏土擀成大片的黏土片。

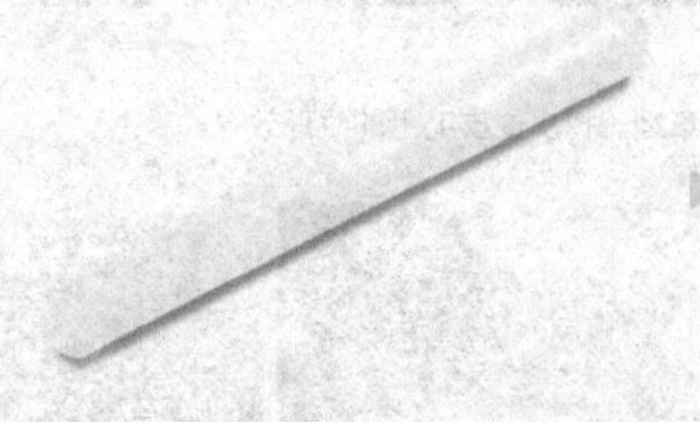

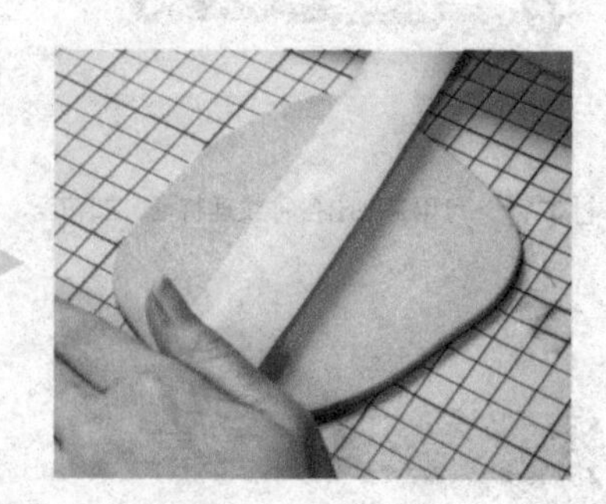

压泥板 压泥板的用途一是把不同造型的小黏土压扁，可以根据需要控制压扁的厚度；用途二是调整黏土造型；用途三是利用压泥板锋利的侧边，压出纹路。本书根据案例制作的需要，使用一大一小两种规格的压泥板。

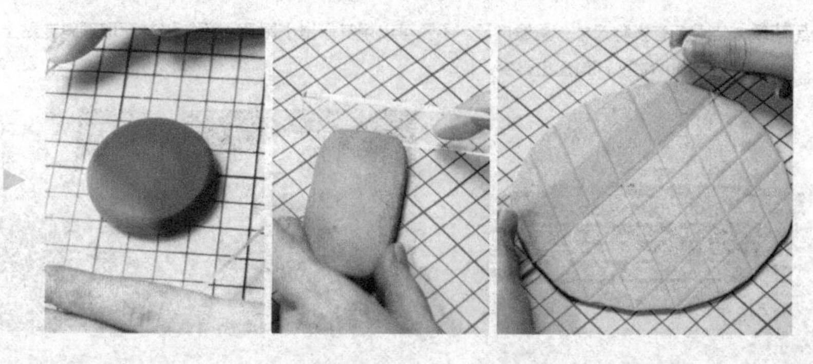

黏土三件套 常用来制作各种形态的纹路、压痕，以及戳洞。

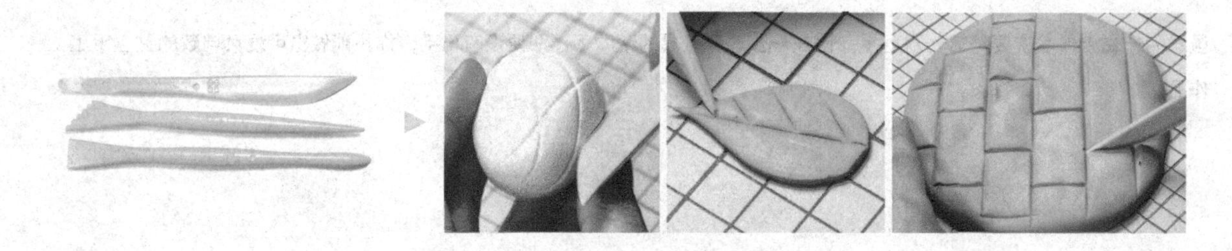

丸棒四件套 一套4支，共有8个不同尺寸的圆头，从上往下依次为最小号、小号、大号、中号。金属圆头光滑，不粘黏土，能满足多种塑形需求，可用来压出凹槽、制作弧形花瓣等。

七本针 可用来戳出各种纹理特征，如花蕊、草地、树皮或皮毛上的纹理效果。

点花笔 点花笔有多种尺寸，用途广泛。不仅可以用其压出小眼孔，还能用其蘸取颜料在黏土上点画图案。此外，点花笔的笔杆还可在制作动物头部时压出眼窝。

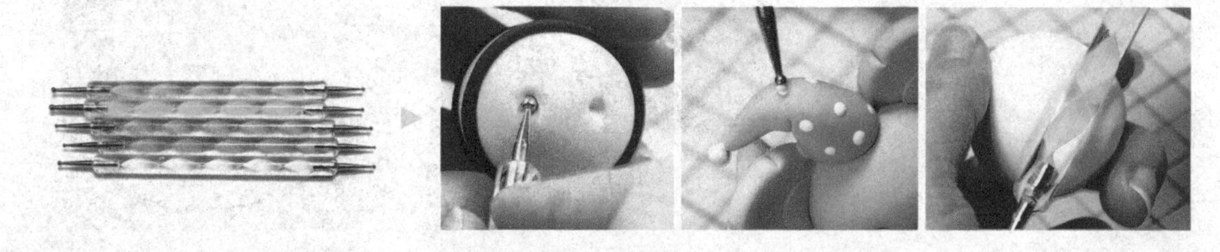

胶水 本书中的案例使用了白乳胶和401强力胶。黏土部件的粘贴固定可以用白乳胶。同时制作黏土画时需铺黏土背景，也可先涂一层白乳胶再粘贴以增加黏性；401强力胶主要用于固定木棒等其他材质的配件。

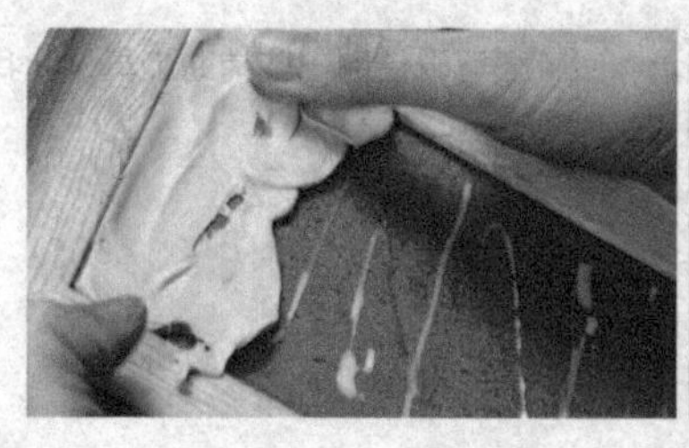

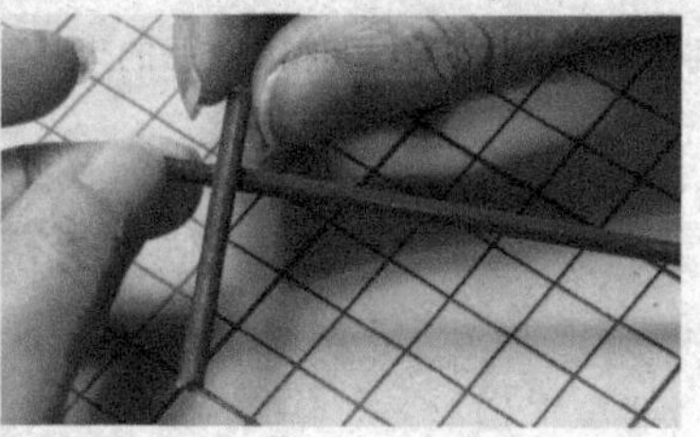

剪刀 本书的案例中用到了直头剪和弯头剪。两款剪刀都可以对黏土部件进行造型修剪，同时它们也有各自的针对性应用，大家可以多尝试。

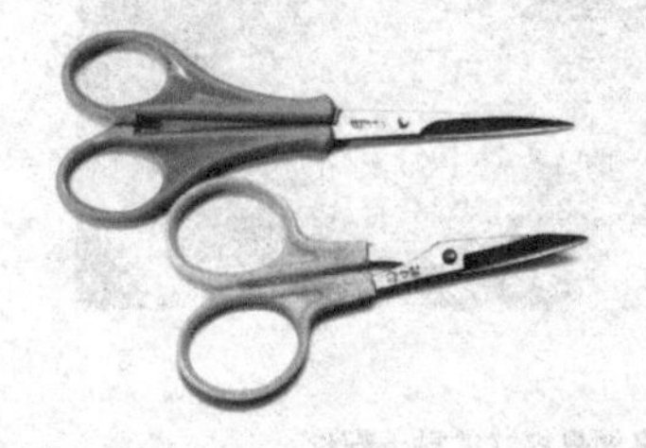

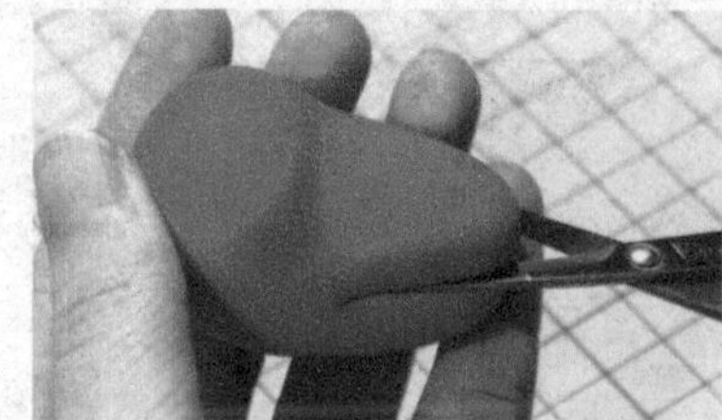

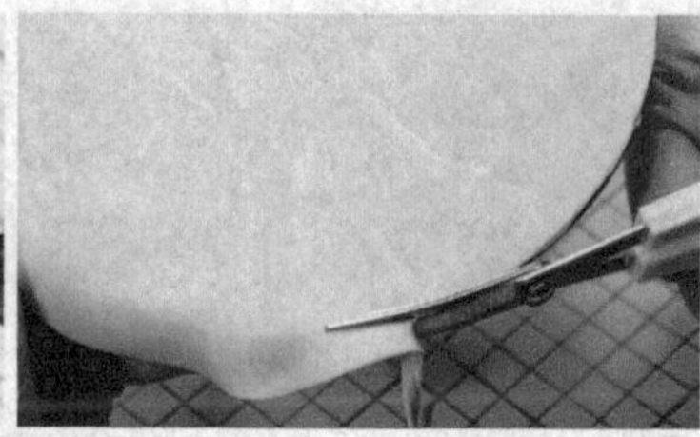

手工垫板 制作黏土作品的操作台面。

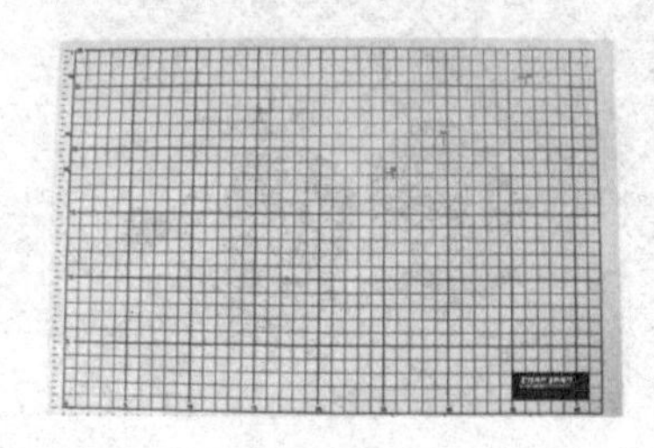

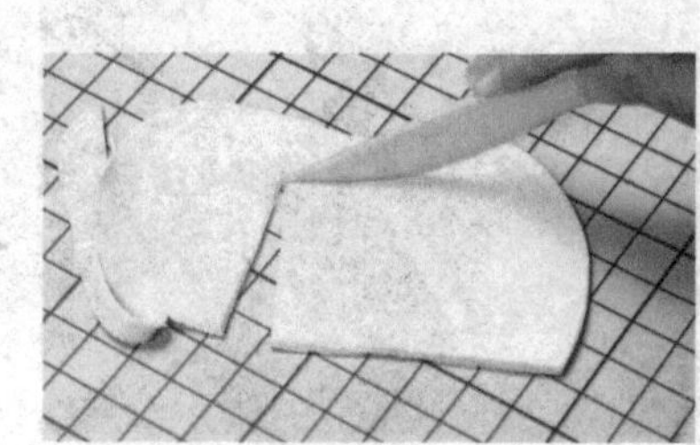

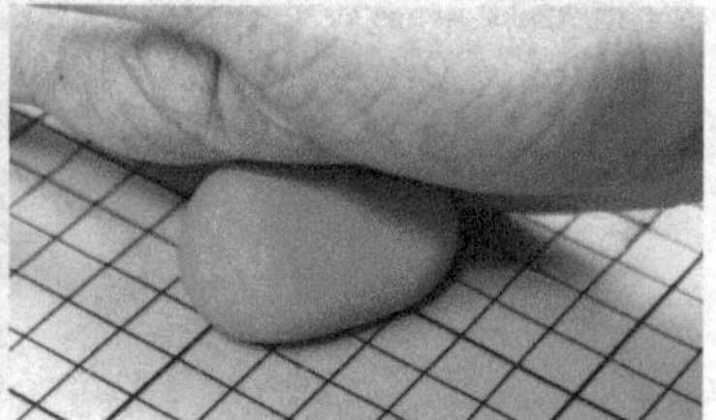

镊子

有弯头和直头两款，可以辅助粘贴细小的部件。

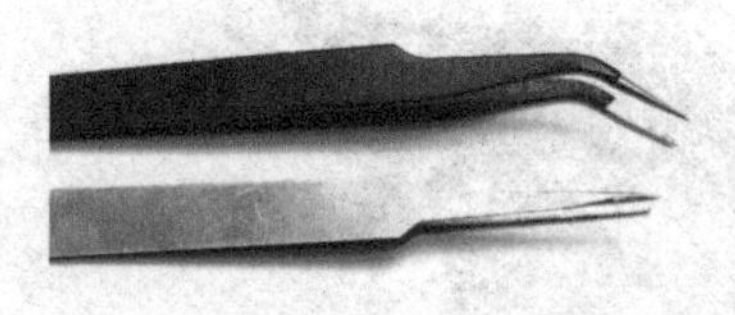

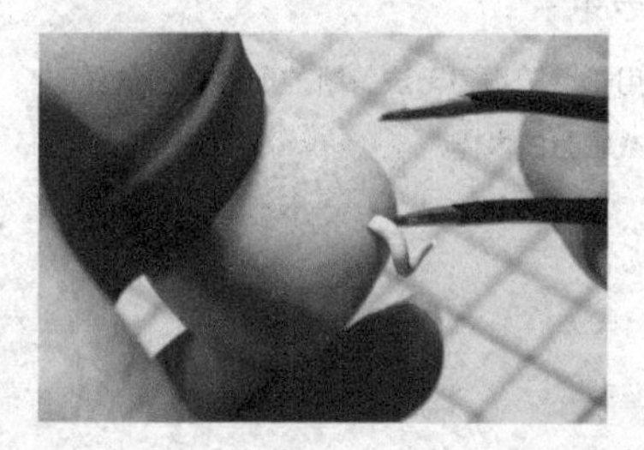

辅助工具及其使用方法

拥有了能帮助快速捏制黏土作品的塑形工具，我们还可以借助一些辅助工具，让我们的黏土作品变得更精致美观。

◆ 工具详解

羊角刷

用于打造物体表面的特殊质感与纹理效果。

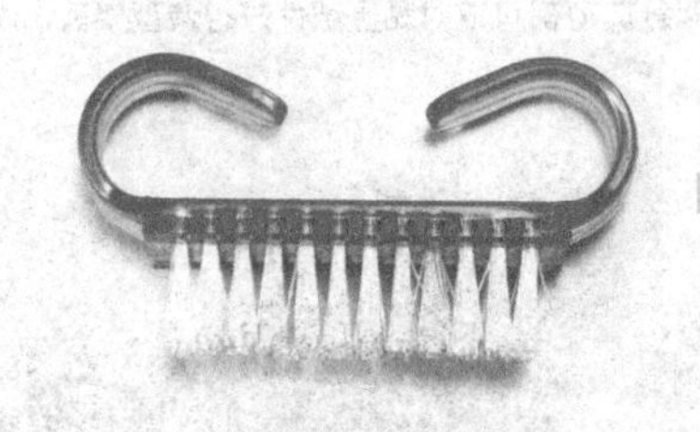

金属丝

常用直径为1mm的铁丝来支撑黏土部件，防止黏土作品变形；常用直径为0.3mm的铜线来做悬挂式的黏土部件。

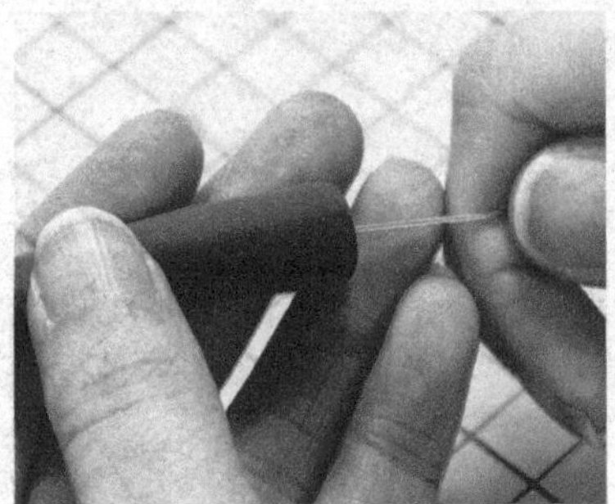

剪钳

用于裁剪剪刀无法剪断的配件，如铁丝或较粗的木棒。

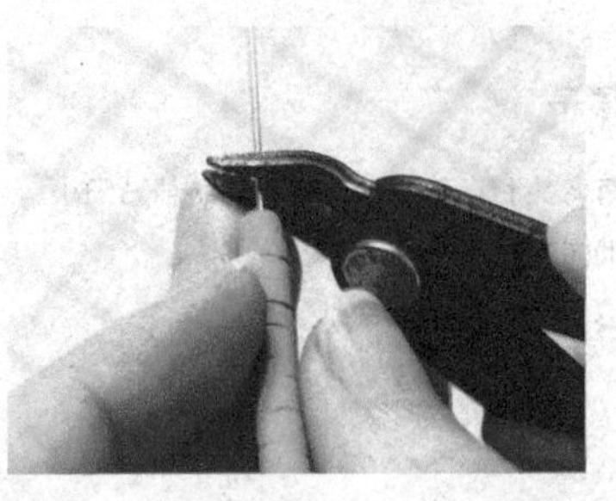

木棒与牙签 牙签用于动物头部与身体组装的连接与内部支撑，木棒用于道具的制作。

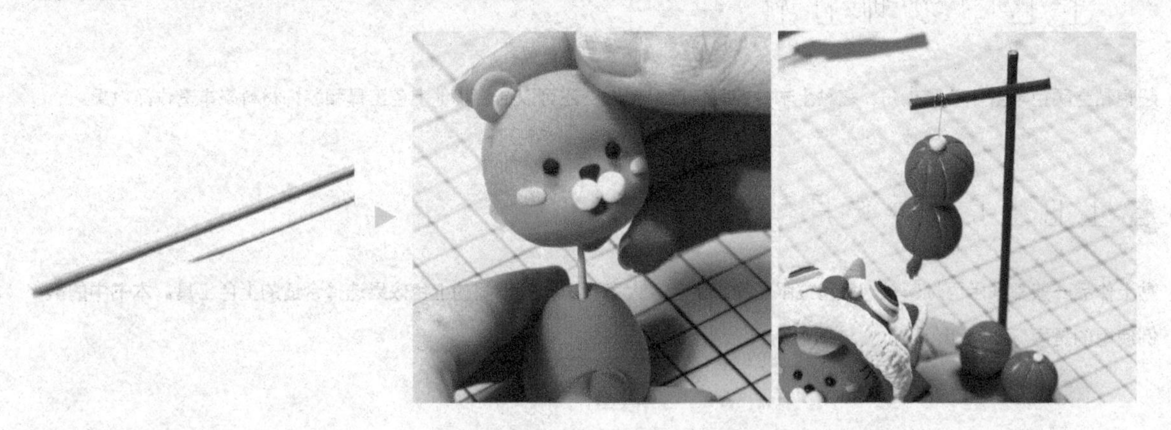

圆形木片 铺上黏土后可用作作品底板。可先在板子上抹一层白乳胶再铺黏土，会粘得更牢固。在第5章“端午节”黏土作品中用于制作河面。

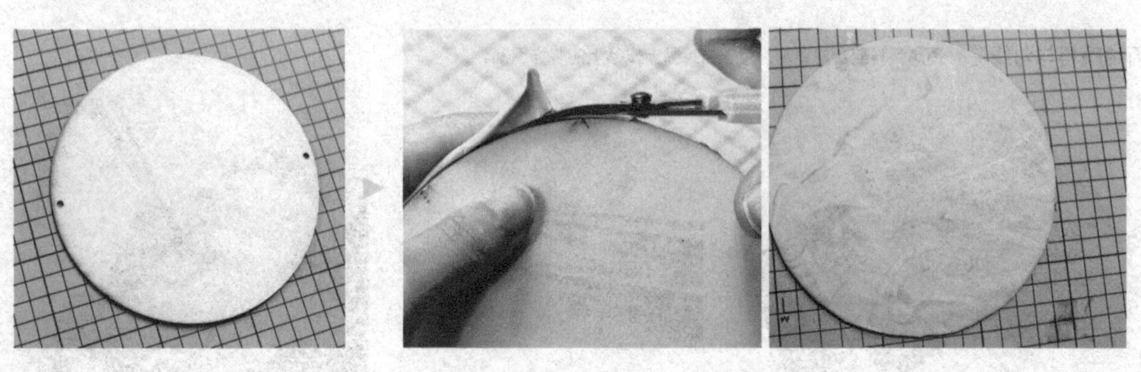

圆形底座 作为黏土作品的底座，帮助摆放与收纳黏土作品。

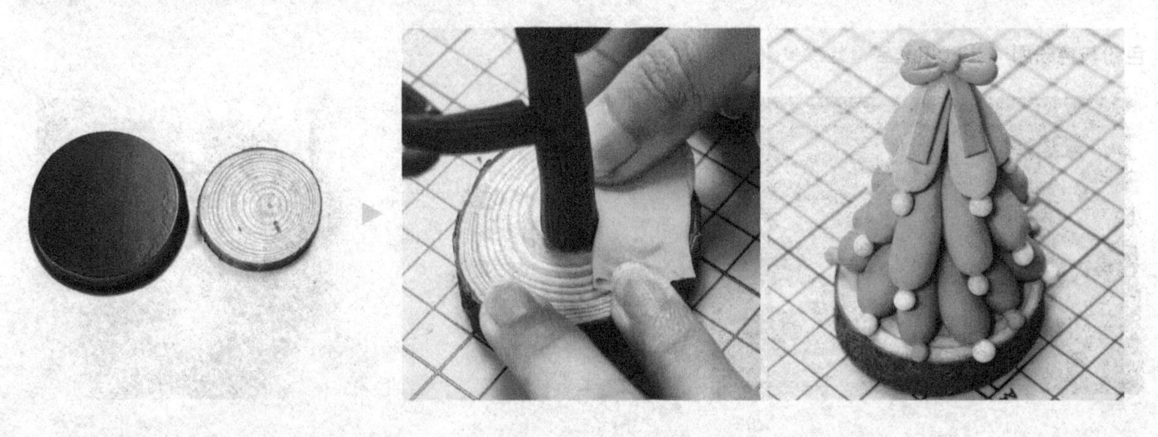

3 上色与装饰材料

超轻黏土颜色丰富，色彩艳丽。在黏土本身的颜色效果之外，还可以结合其他上色工具和装饰材料来丰富作品效果。

上色工具及其使用方法

黏土作品一般都采用丙烯颜料、色粉或眼影粉来上色，大家可以根据不同的上色效果选择合适的上色工具。本书中的案例使用的是丙烯颜料和色粉。

◆ 工具详解

丙烯颜料与勾线笔 丙烯颜料配合勾线笔，用于勾绘黏土作品上的装饰图案。

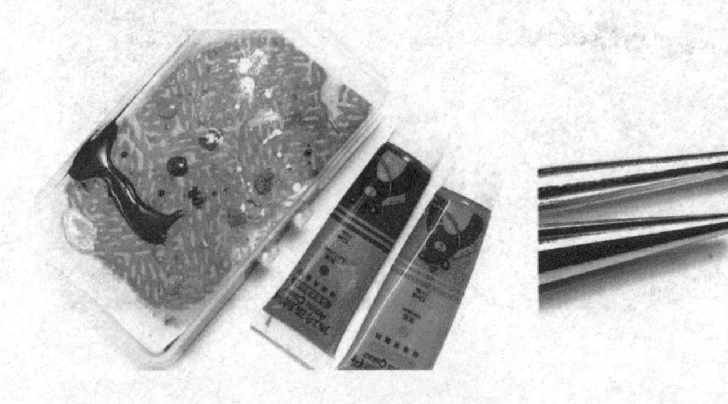

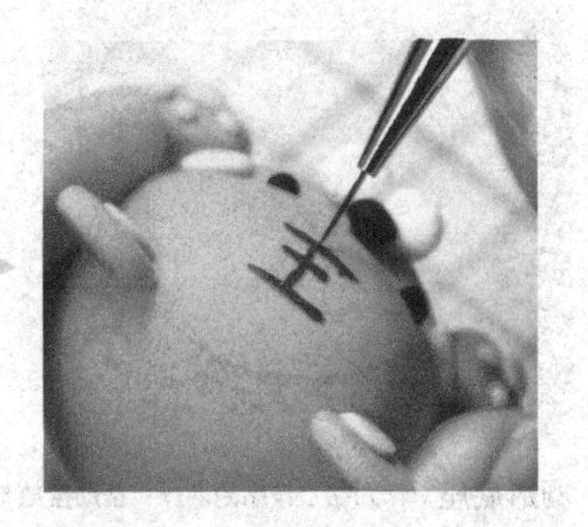

色粉与色粉刷 用于美化作品、增强效果。

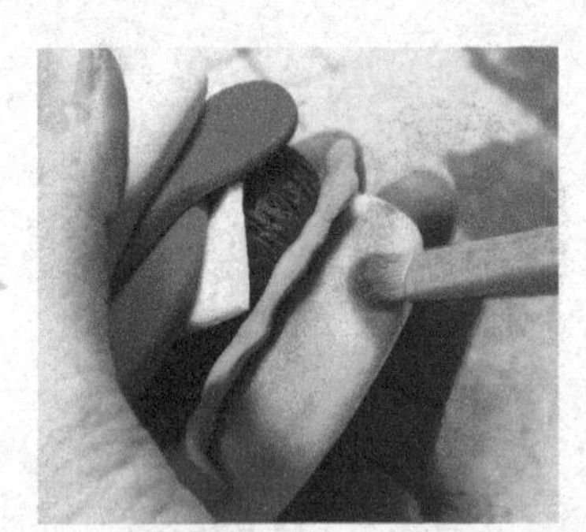

单色色粉 主要用于画小动物的腮红。

光油 将光油刷在黏土表面能使黏土作品富有光泽感，比如刷在小动物作品的眼睛、鼻子以及为作品制作的道具上。

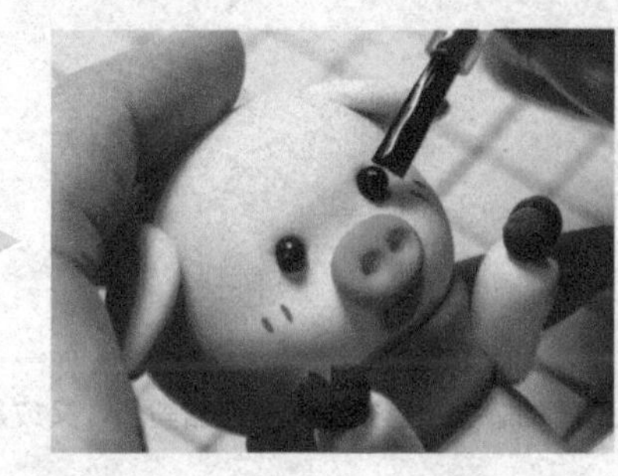

装饰材料及其使用方法

◆ 工具详解

小蛮腰仿真果酱胶 用于美化作品，可以模仿酱料的效果。

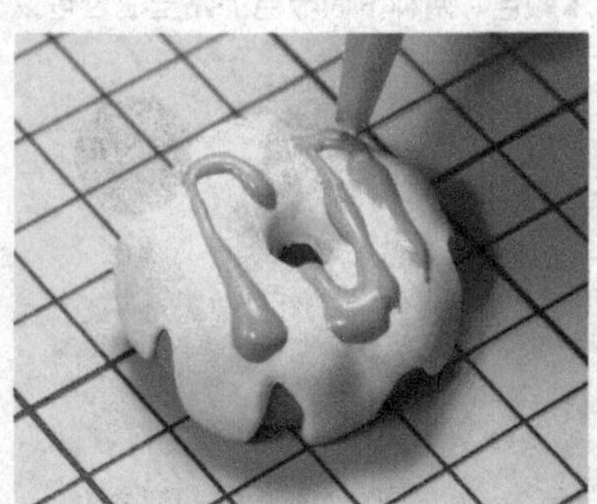

仿真彩色糖粒 用于装饰作品，提高观赏度，可以模仿糖粒的效果。

4 超轻黏土的颜色

超轻黏土作品通过不同颜色的搭配会给人不同的感觉，有如清新风、甜美风、又或是奇幻浓烈风。下面先来了解一下超轻黏土的颜色吧！

超轻黏土的优势之一就是可以通过不同颜色进行不同比例的混合来调色。黏土本身的颜色很丰富，再加上用红色、黄色、蓝色、黑色、白色五种基本颜色，按照不同比例搭配调出多种颜色，使超轻黏土的颜色及其配色有很多的可能性。下面我们来试试调色吧！

◆ 等量黏土的混色

红色、黄色、蓝色、黑色、白色为五种基本颜色。两种不同颜色的黏土混合可以得到一种新的颜色。参考如下：

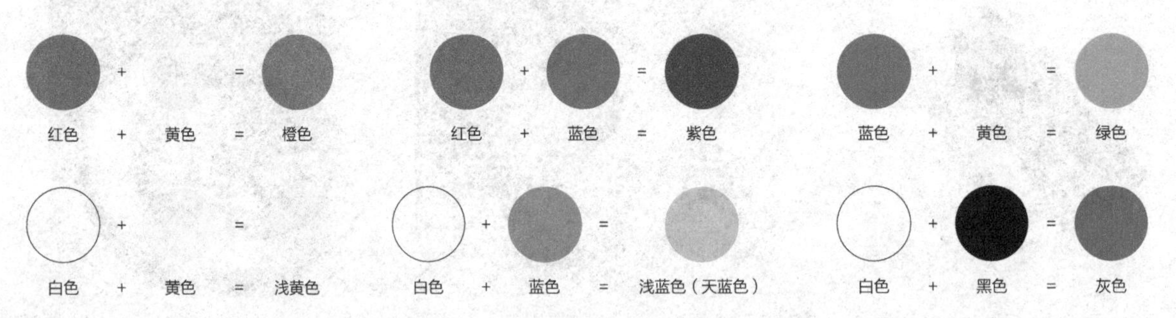

◆ 调浅色

通过添加白色黏土可以调出浅色黏土。本书的案例中，这种方法使用得非常多。根据白色加入的比例不同，会呈现不同程度的浅色，即白色越多，颜色越浅。下面以白色加红色为例做简单介绍。

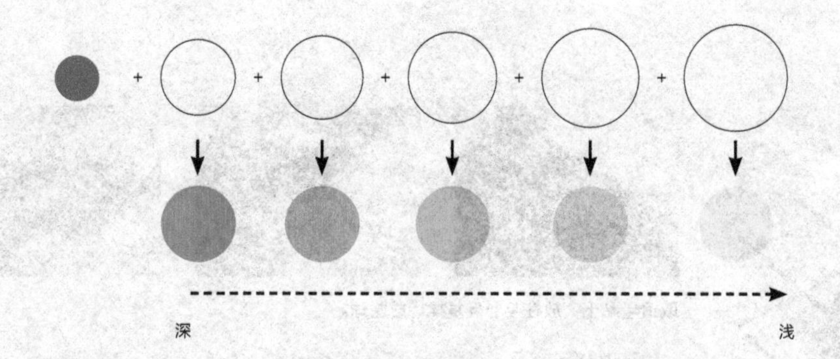

红色黏土分量固定，加入的白色黏土越多，得到的粉色黏土颜色越浅，其他颜色的黏土皆同此理。

◆ 不等量黏土的混色

不等量的黏土混合出的颜色会偏向黏土量多的那种颜色，如下图所示。

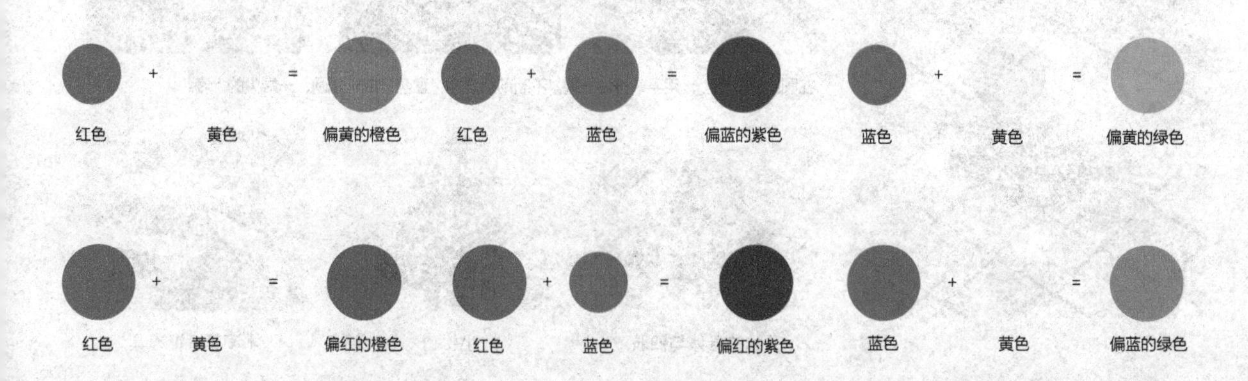

5 基础形的制作与应用

圆球、水滴形、梭形、圆柱形、方形、长条、片等形状是制作黏土作品时常用的基础形，通过揉、搓、捏、压、擀、切等制作技法就可以得到。

圆球

水滴形

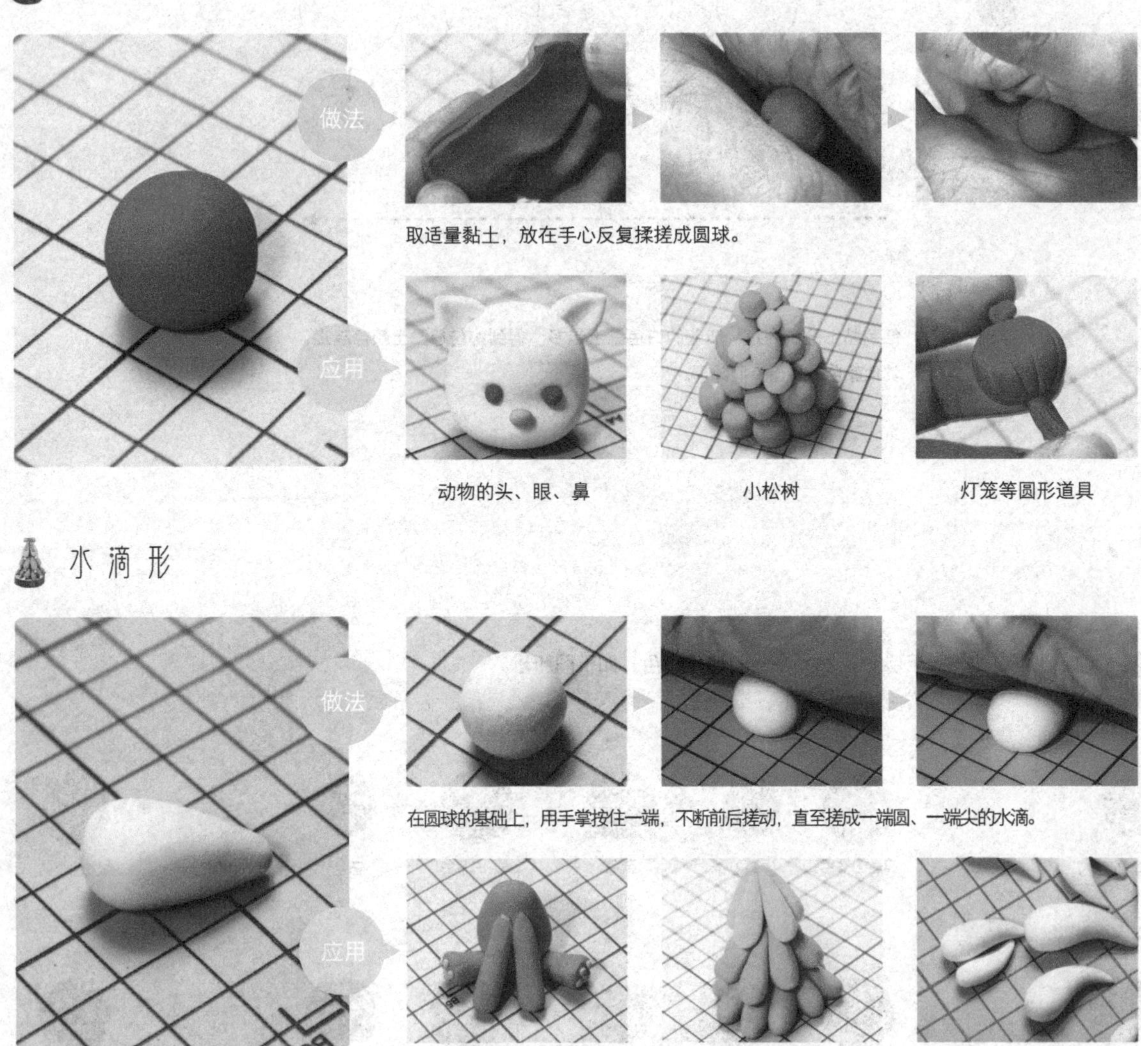

梭形

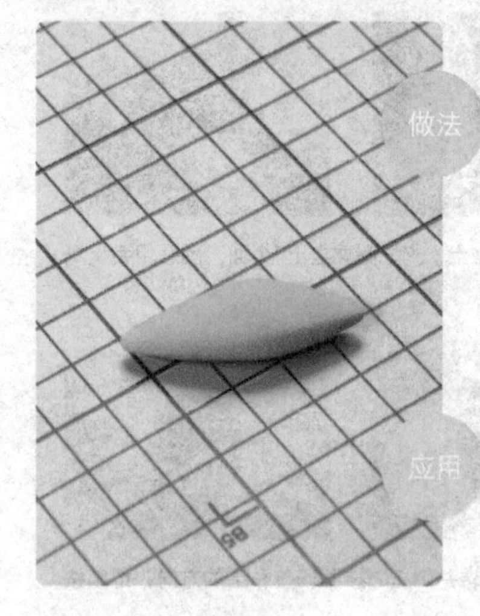

做法

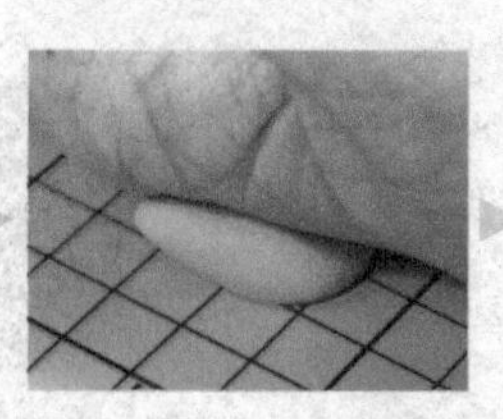

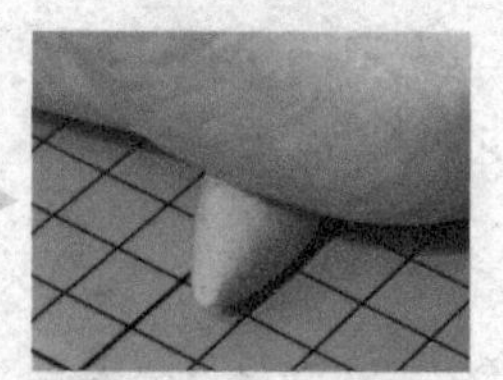

在水滴形的基础上，用手掌按住圆的一端，不断前后搓动，直至搓成两头尖的梭形。

应用

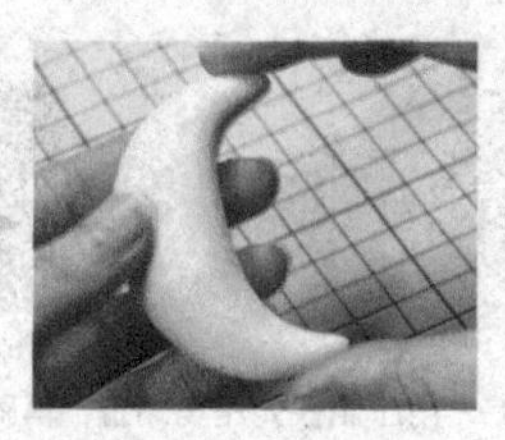

月亮

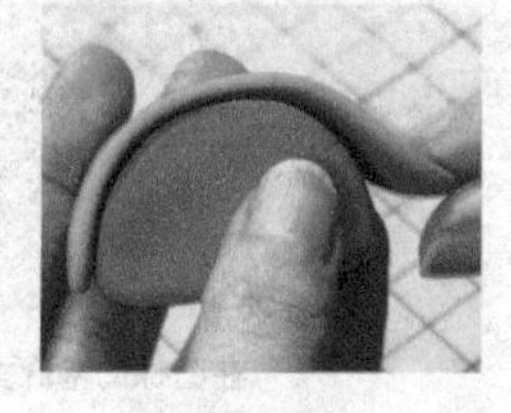

西瓜皮

圆柱形

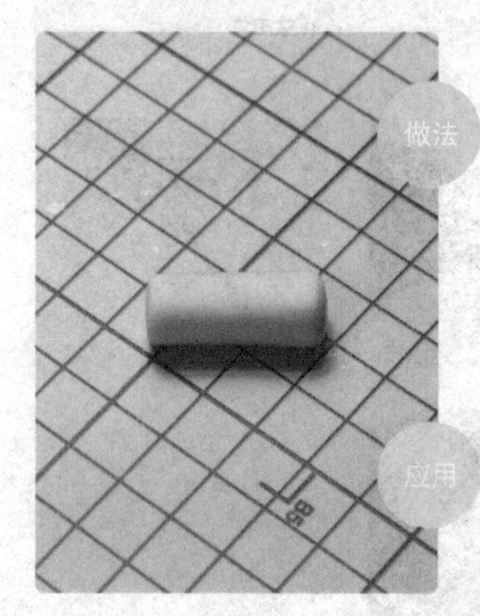

做法

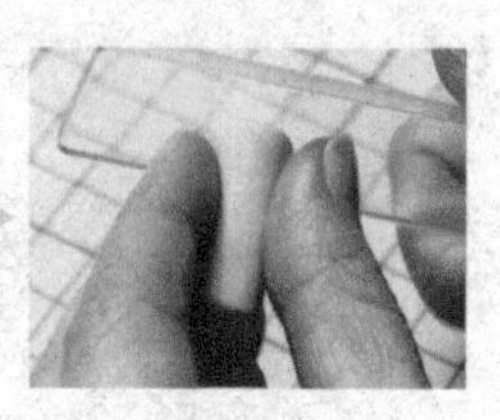

在圆球的基础上，用压泥板压住并反复前后搓动，然后再压平两端，调整成圆柱形。

应用

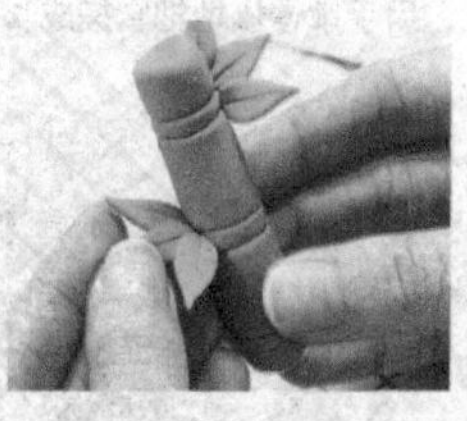

竹子

树桩

树干

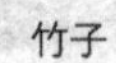

方形

做法1

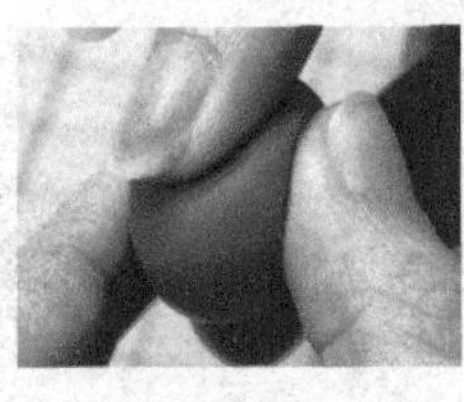

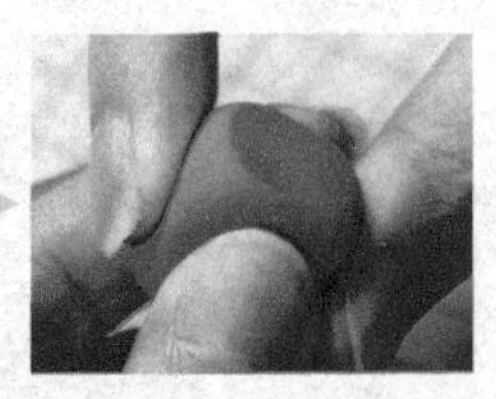

在圆球的基础上，用4个手指从上下左右捏住黏土，先把圆球捏出4个面，随后用手反复调整成方形。

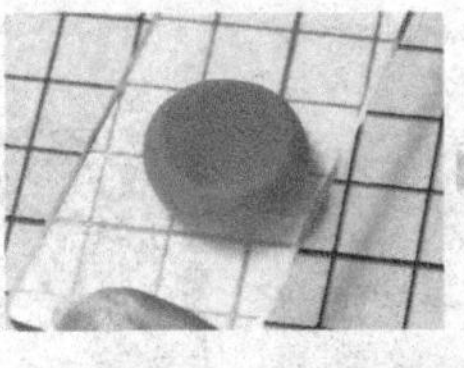

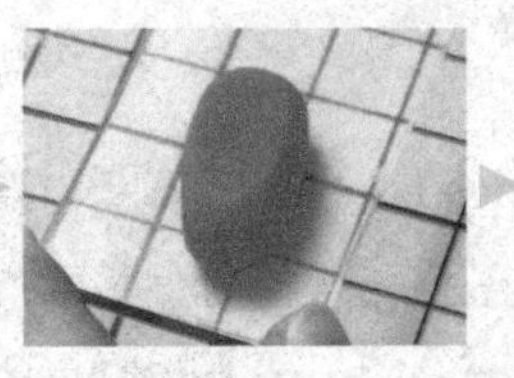

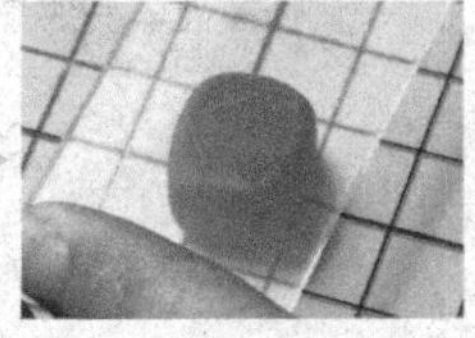

在圆球的基础上，用压泥板先压扁黏土，再翻转并侧压，接着调整黏土的方向，继续按压，反复调整直到调整成方形。

应用

花篮内部的填充物

花盆主体

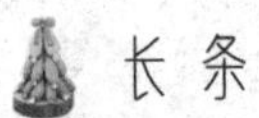

长条

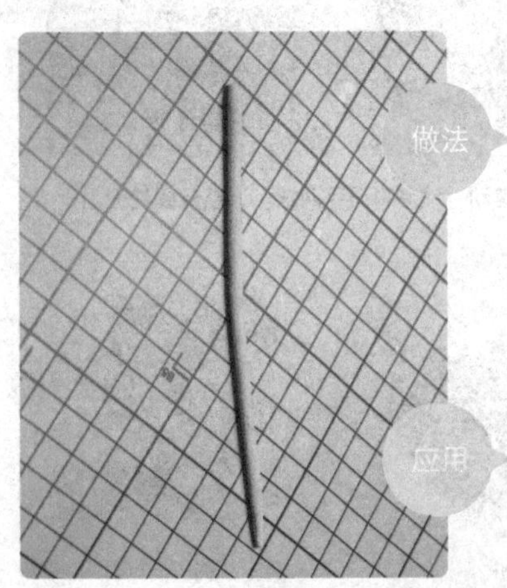

做法

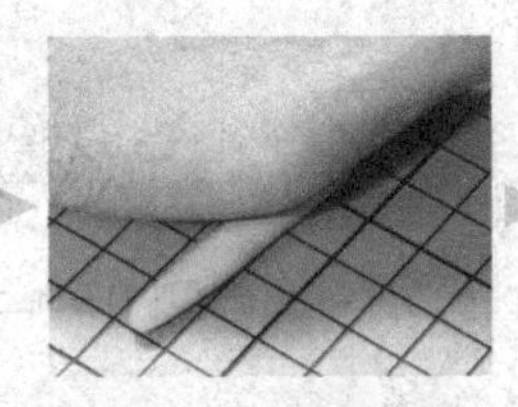

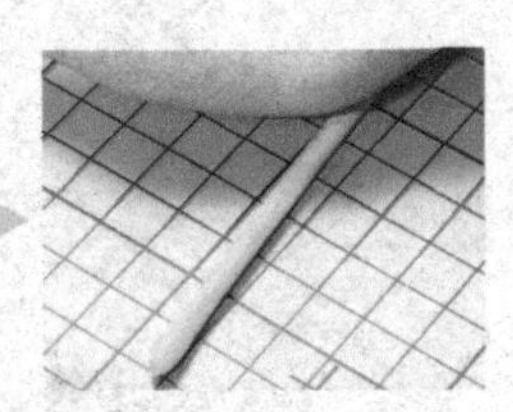

在圆球的基础上，用手掌慢慢地把它搓成长条。

应用

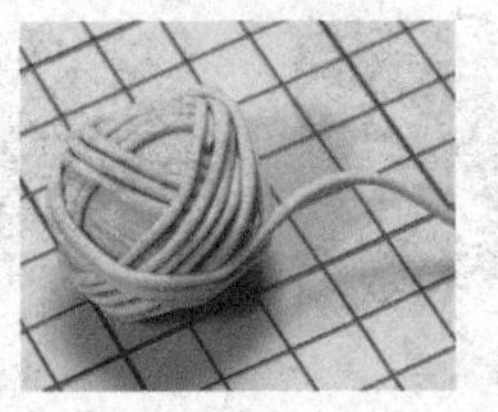

毛线团

龙舟边缘的水浪等

片

作者语：

片1与片2的区别在于用压泥板制作小黏土片，用擀泥杖制作大黏土片。

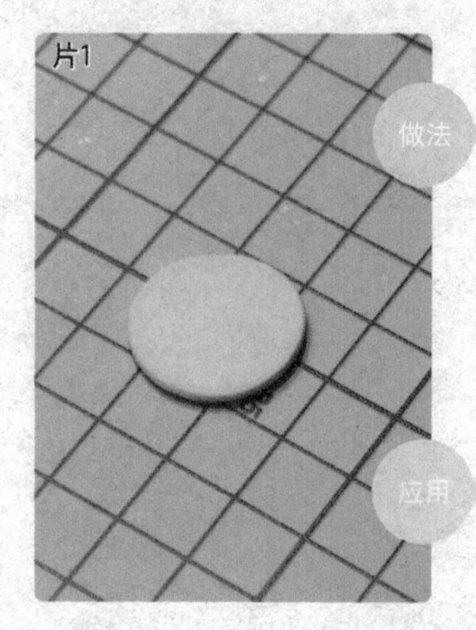

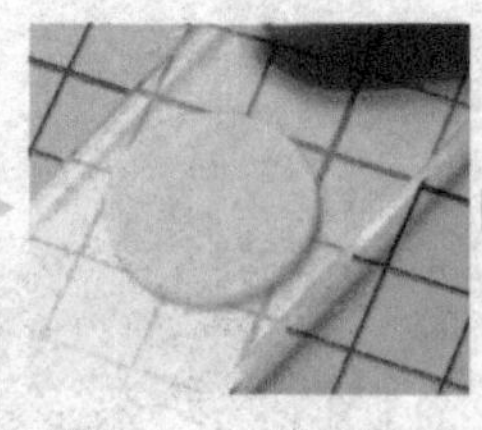

用压泥板可以将任意形状的黏土（此处以圆球为例）压扁，可根据制作需要压成不同的厚度，图为仙人掌叶片。

舞狮的眼睛

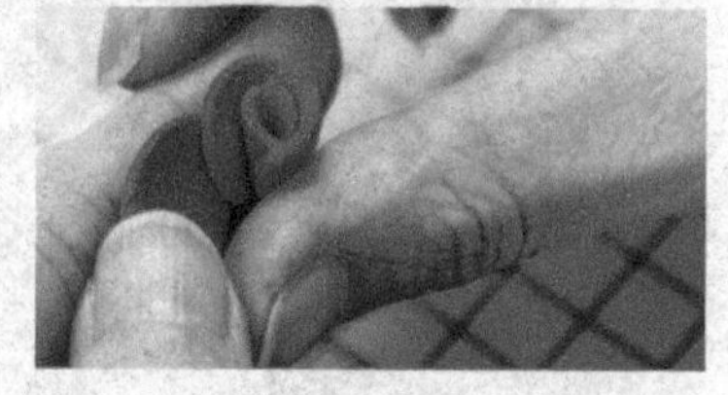

玫瑰花

用擀泥杖可以将任意形状的黏土（此处以圆球为例）擀成薄片，再借助刀形工具（或其他工具）得到想要的形状，可根据制作需要擀出不同的大小。

桌布

Chapter 2

第2章 一起来逛植物园

自然界的植物很神奇，日常生活中有太多植物种类很难见到，但是，我们有植物园啊！接下来就一起去逛植物园吧，看看有哪些美丽又神奇的植物吧！

推荐黏土
配色

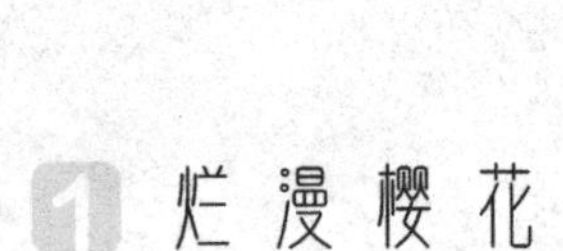

1 烂漫樱花

樱花在春天开放，花朵呈伞状，花瓣顶部有缺口（类似心形），颜色多为白色、粉红色。春风吹过，千树万树樱花盛放，带来了春天的气息。小朋友们，让我们跟随樱花盛开的脚步，去迎接春天吧！

1. 将浅粉色黏土搓成小水滴形。

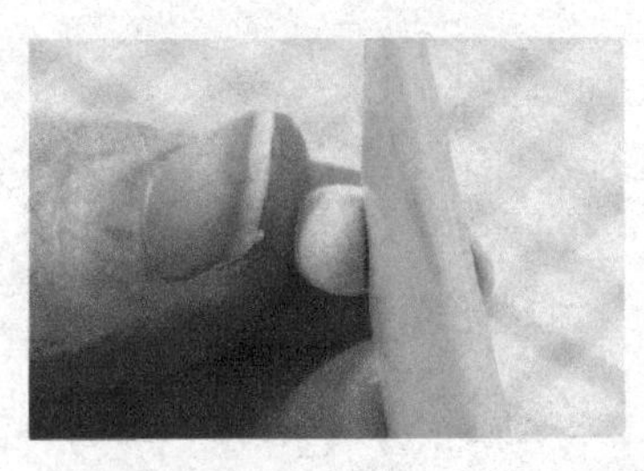

2. 在小水滴形圆的一端用刀形工具压出切口。

3. 用手捏扁，就做好一片樱花花瓣了。

4. 一朵樱花有5片花瓣，先做出5个单片，然后再组合起来。

5. 按步骤1~步骤4的方法做出3朵樱花，两朵浅粉色、一朵深粉色。

6. 在樱花中间各加一个黄色小圆球作为花蕊。

7. 用浅绿色黏土搓成大水滴形。

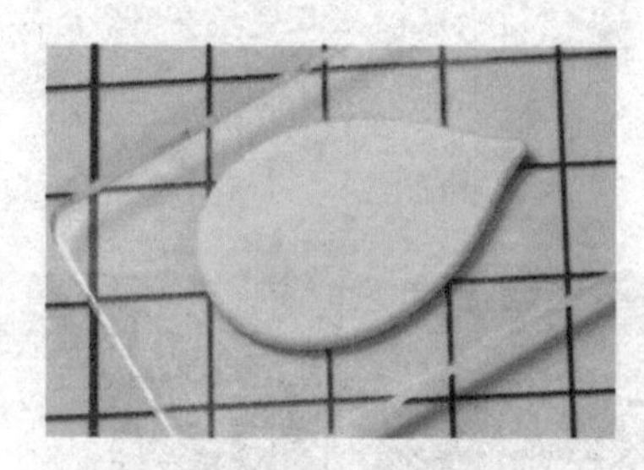

8. 用压板把大水滴形黏土压扁。

9. 用刀形工具压出叶脉纹路。

10. 制作3大2小共5片叶子。

11. 将花朵与叶子组合起来。先把3片大叶子叠在一起，放上花朵后，再把小叶子加进去，完成制作。

推荐黏土配色

2 花朵胖嘟嘟

胖嘟嘟的黏土小花朵送给你，带给你一整天的好心情。花朵的做法很简单，赶快上手做一做吧！

1. 搓5个浅紫色圆球和一个黄色圆球，黄色圆球作为花蕊，浅紫色圆球作为花瓣。

2. 将紫色圆球围绕黄色圆球粘一圈。

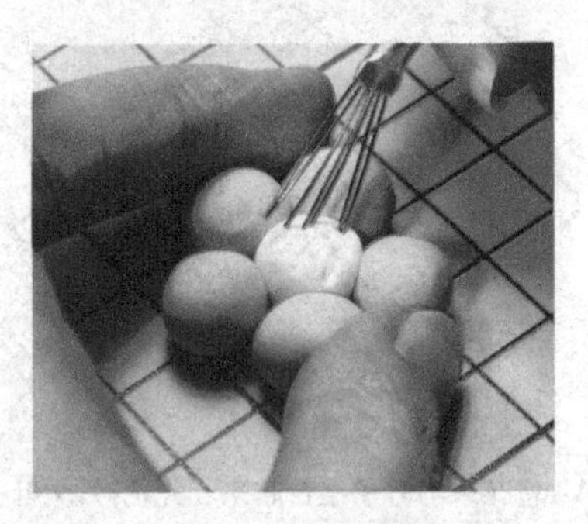

3. 用七本针戳出花蕊上的斑驳纹理。

4. 用刀形工具压出花瓣纹理，完成制作。

推荐黏土配色

3 软萌小花

让粉色的可爱花朵来治愈你的坏心情。

1. 把浅粉色黏土搓成5个大和5个小水滴形，当作花瓣。

2. 搓一大一小两个黄色圆球，分别将不同大小的水滴形花瓣组合起来。

3. 将浅绿色水滴形黏土压扁，划上叶脉，叶子就做好了。将叶子拼接在一起后，把花朵粘上去，完成制作。

4 剪出来的小松树

松树的制作方法很多，本案例展示的是在松树树冠的整体造型上，剪出枝叶相互交错效果的做法。

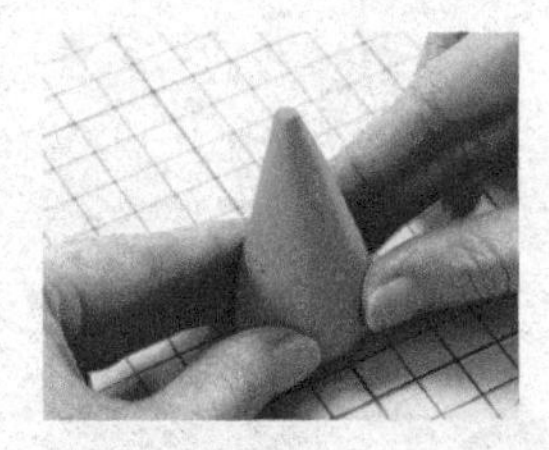

1. 搓一个绿色水滴形黏土，并将其放桌面上压一压，把底部压平至能立住即可。

2. 用直头剪刀在水滴形黏土上一点一点地剪出松树枝叶的效果。

提示：

剪到底端不方便用手握住的时候，可以将点花笔固定在水滴形黏土下端，手握点花笔，剪剩下的部分。

推荐黏土配色

6. 把做好的树冠、黄色五角星、褐色树干、若干小圆球等部件用白乳胶组合固定起来，完成制作。

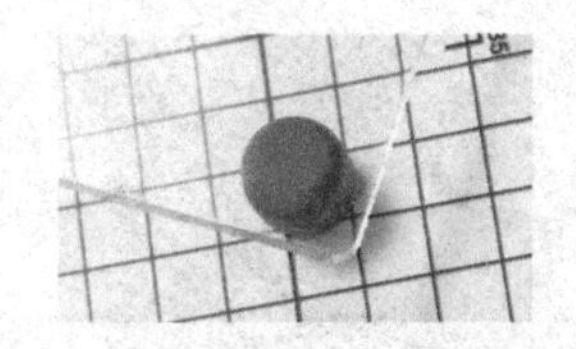

3. 用褐色黏土制作一个圆柱形。把圆柱形立起来，用压泥板压平整，做出树桩。

4. 用黄色黏土捏一个圆片。将圆片捏出5个角，做成五角星。调整五角星的形状，把每个角厚度调整得大致一样即可。

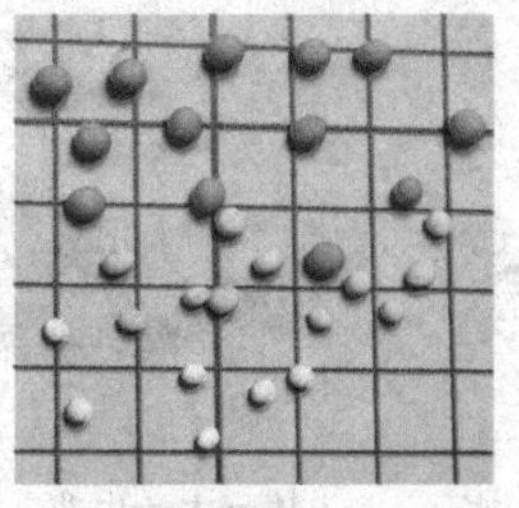

5. 用紫色、蓝色和黄色黏土，搓一些大大小小的小圆球。

5 切出来的小松树

制作松树也可以采取“切”的方法，就是先把松树树冠分成几部分单独制作出来，再在每一部分上切出松树枝叶的效果，最后拼起来即可。当然，也可以制作一些装饰物加上去，让松树看起来更美观、可爱。

1. 准备浅绿色、中绿色、深绿色3种不同颜色的黏土，大小不一。

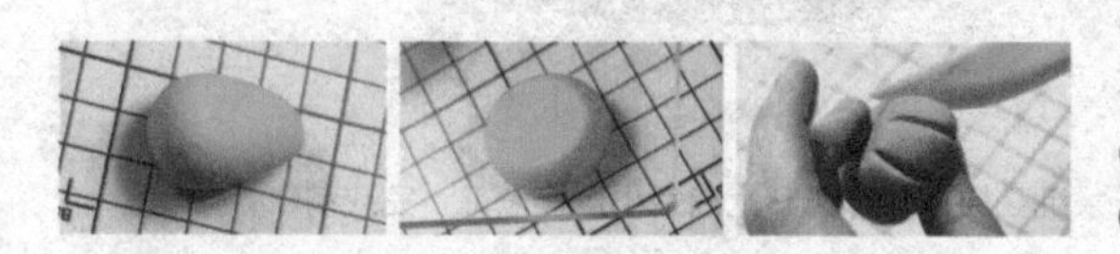

2. 将深绿色黏土搓成水滴形，再用压泥板将水滴形顶端压平。用刀形工具在黏土侧面切出凹痕，做出树冠部件。

3. 以相同的方法用中绿色黏土做成小一些的树冠。将浅绿色黏土搓成水滴形，切出凹痕。将棕色黏土搓成圆柱形。

推荐黏土配色

6. 将装饰部件按在树上，完成制作。

4. 把做好的各部件拼起来。

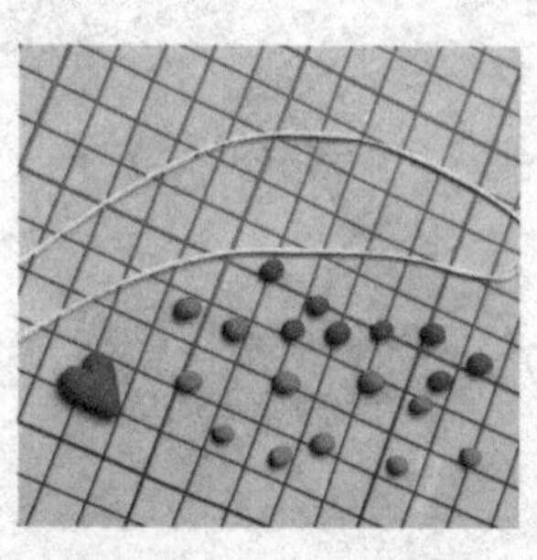

5. 准备黄色长条、红色爱心、红色与橙色小圆球等装饰部件。

6 堆出来的小松树

本案例中的松树是以大大小小的绿色小圆球为基础形，采用“堆叠”的手法，把小圆球由大到小堆起来的。

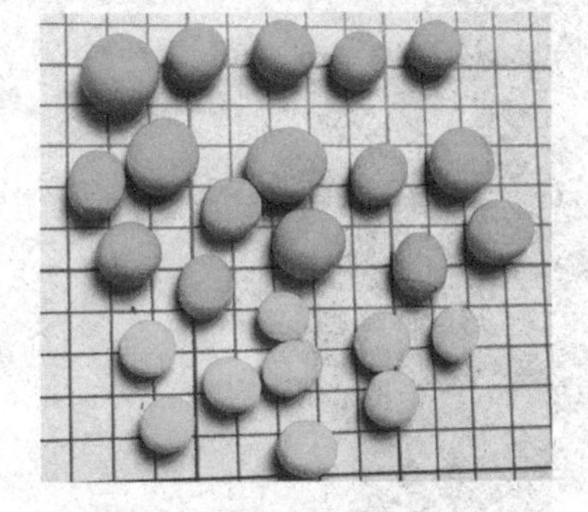

1. 用不同的绿色黏土搓一些大小不一的黏土小圆球。

推荐黏土配色

5. 将长条绕在树冠上，再粘上白色小球作装饰，完成制作。

2. 先用一块白色黏土做填充支撑，然后围绕白色黏土堆叠绿色小圆球。注意，越上面的小圆球越小。

3. 用小圆球堆出树的造型后，在顶端放一个画了表情的五角星。

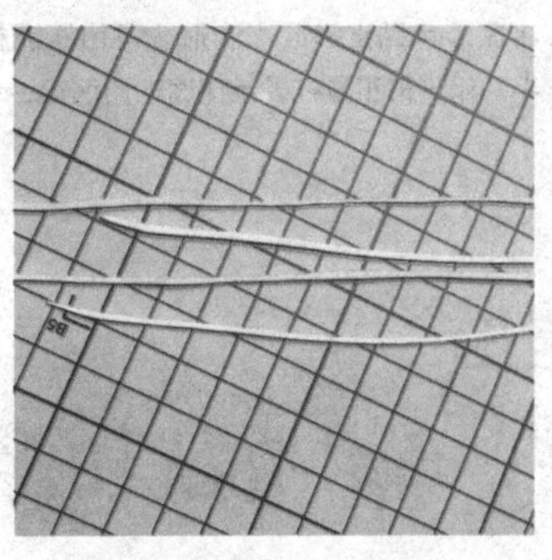

4. 用浅绿色、黄绿色、浅蓝色3种颜色的黏土搓成彩色长条。

7 搓出来的水滴树

水滴树的制作是以水滴形为基础形，通过有设计的排列组合，拼出大树造型。还可以制作一些装饰物加上去，让水滴树看起来更好看、更可爱。

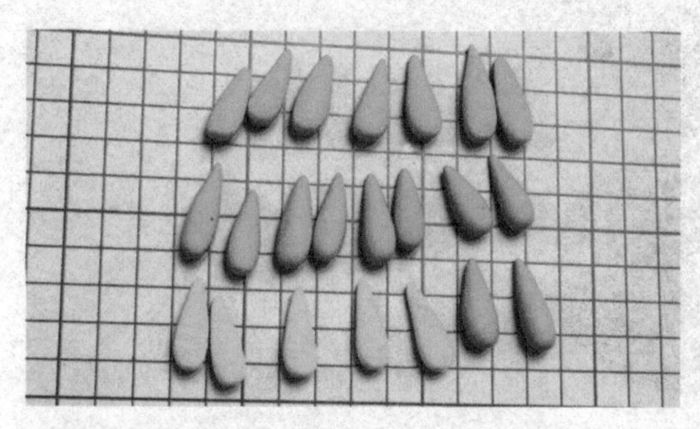

1. 准备适量的3种不同深浅绿色的水滴形黏土部件。

2. 把相同颜色的水滴形组合在一起，做成大、中、小3个树冠。

推荐黏土配色

6. 用浅蓝和浅粉色搓一些彩色圆球，用白乳胶将圆球粘在树上，再粘上蝴蝶结，完成制作。

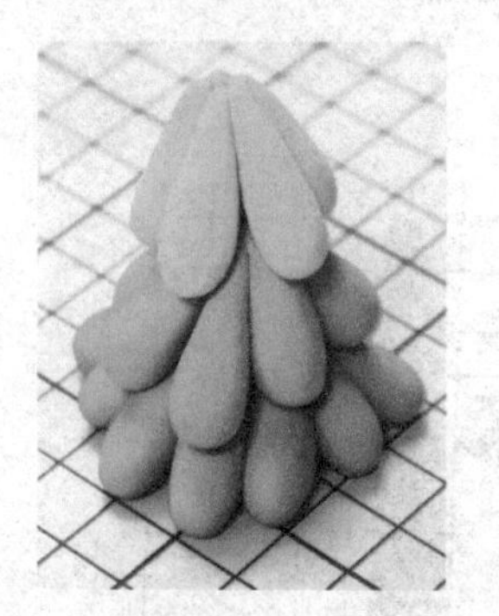

3. 把3组部件垒起来，拼成一棵树的样子。

4. 用粉色黏土做两个爱心、一颗小圆球、两条薄片。

5. 把爱心和小球拼成蝴蝶结，用刀形工具压出纹路。

推荐黏土配色

8 梦幻彩球树

把自己喜欢的颜色找出来，搓成一个个大大小小的圆球，把它们贴在光秃秃的树干上，拼成树冠的造型，这样我们就能得到一棵用彩球做成的树哦。

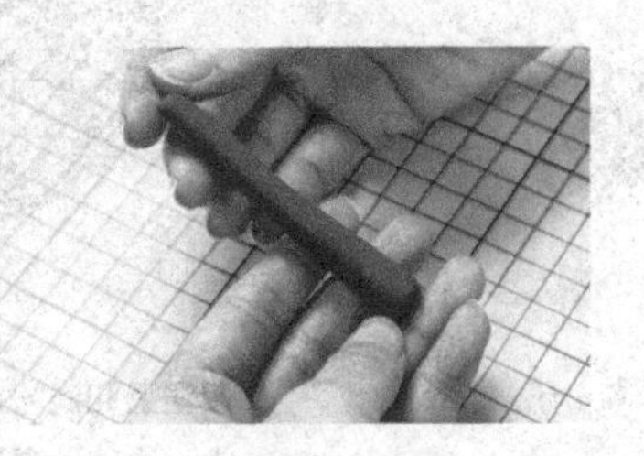

1. 把棕色黏土球搓成一端细、一端粗的长条作树干。

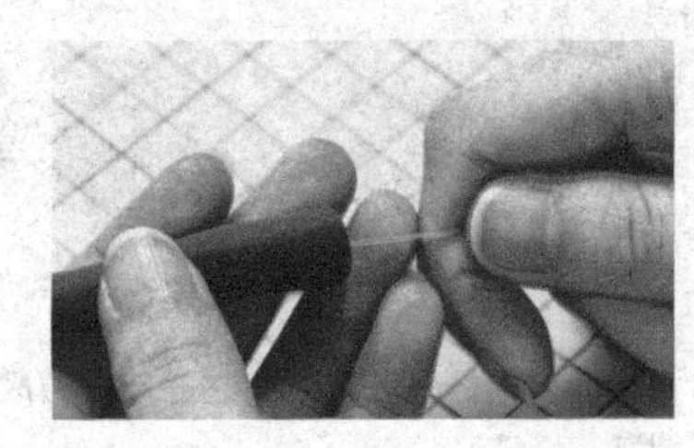

2. 在树干里插入铁丝以增加支撑力度。

3. 在树干上用七本针刮出树皮纹路。

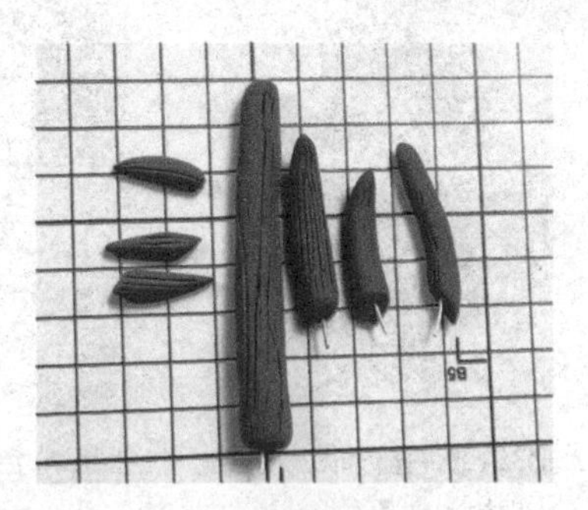

4. 用相同的方法制作其他树枝。

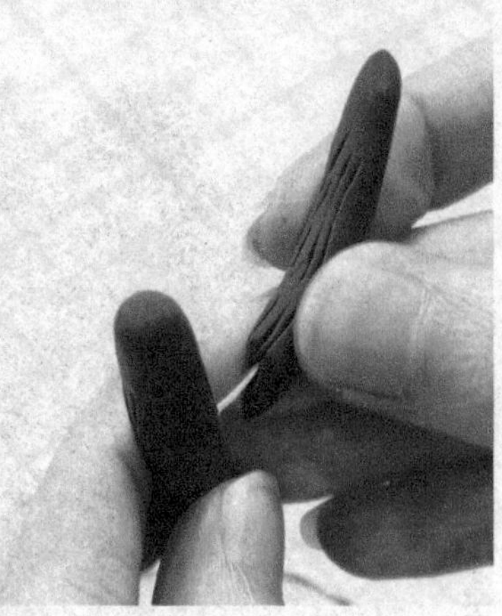

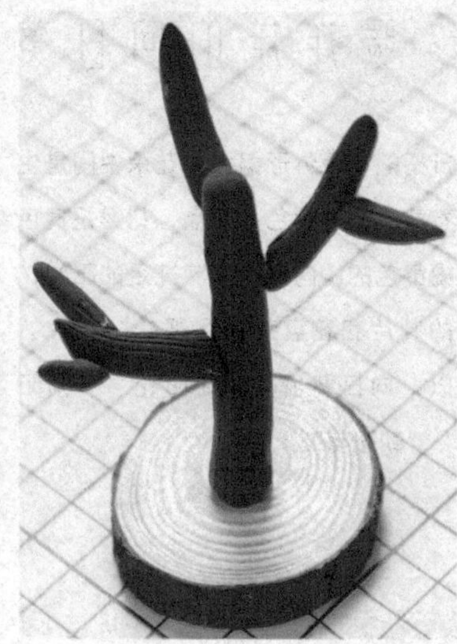

5. 在树干底部涂上强力胶，并将树干固定在圆形底座上，再接上树枝。

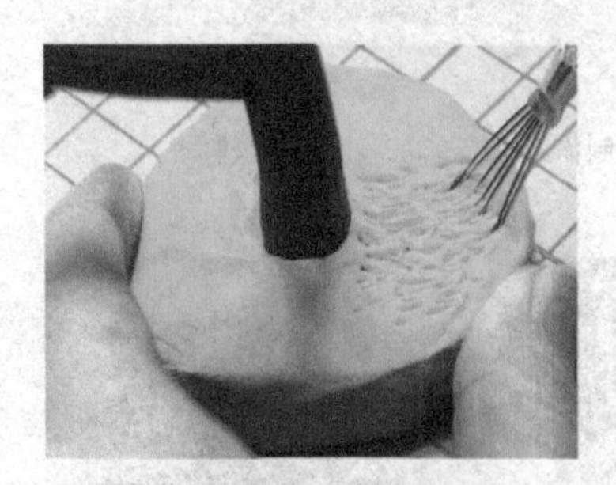

6. 在圆形底座上铺上绿色黏土片，再用七本针刮出草坪的纹理效果。

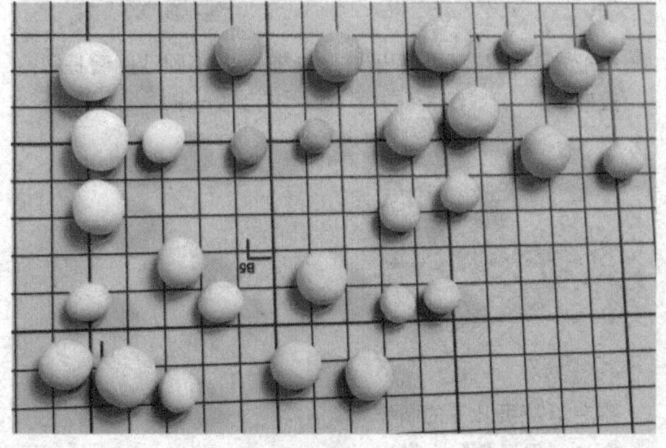

7. 准备喜欢的颜色的黏土，搓出大大小小的圆球贴在树上，完成制作。

9 暖洋洋的向日葵

向日葵的花朵体形偏大，花朵中间是生长着葵花籽的棕色大花盘，花瓣是黄色或橘黄色的。向日葵喜欢充足的阳光，它的叶片和花盘都有很强的向光性。所以，向日葵也叫“太阳花”“向阳花”“朝阳花”。

推荐黏土配色

8. 把花朵和叶子组装在一起即可，完成制作。

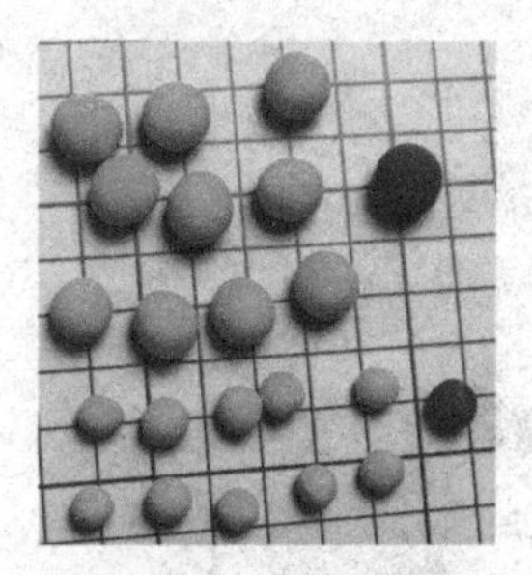

1. 准备一些橘色和棕色的黏土圆球。

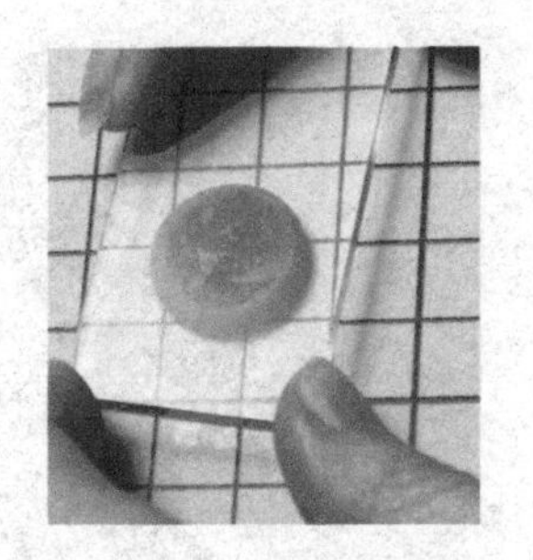

2. 用压泥板把棕色圆球压扁，制作向日葵的花盘。

3. 用七本针在花盘上戳出纹理。

4. 把橘色小圆球围着棕色花盘粘一圈。

5. 用刀形工具压出向日葵花瓣上的纹理。

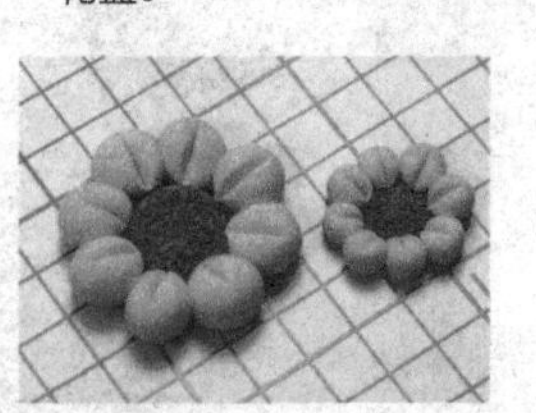

6. 一共做出一大一小两朵向日葵。

7. 参考第27页叶子的制作方法，用绿色黏土做出叶子。

10 可爱的团扇仙人掌

仙人掌是丛生肉质灌木，株型高。它的叶片形状多样，有宽倒卵形、倒卵状椭圆形以及近圆形等，为绿色或蓝绿色，表面有刺。团扇仙人掌是常见的仙人掌类型，呈扁圆形，非常可爱。

推荐黏土配色

1. 将绿色黏土压扁制作成仙人掌。

2. 用牙签戳出仙人掌的刺。用相同的方法做出大小不同的3片。

3. 在仙人掌上抹白乳胶，粘起来。用相同的方法再做一个小的。

11 高高的仙人掌

仙人掌会开花，喜欢在阳光、温暖环境下生长，也比较耐旱。

推荐黏土配色

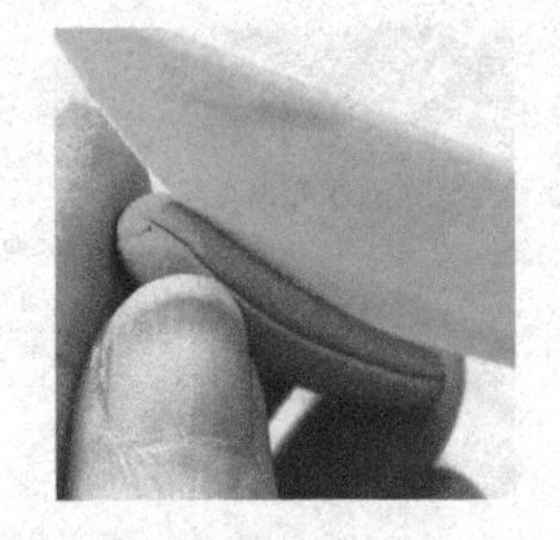

1. 将绿色黏土搓成水滴形。用刀形工具压出纹理，做出长长的仙人掌。

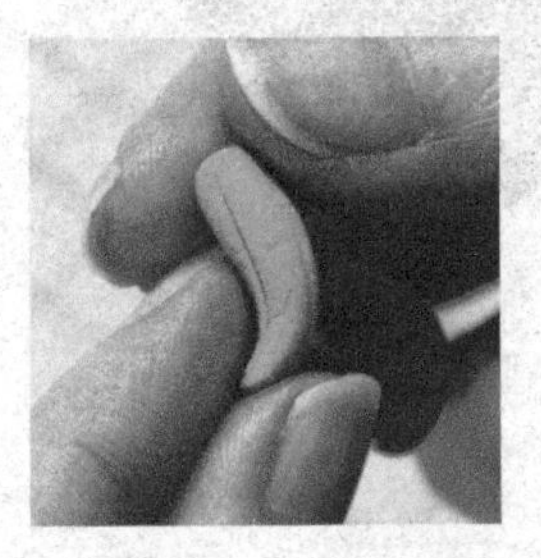

2. 再制作一个压出纹路的小水滴形黏土部件，并用手指弯曲一下。

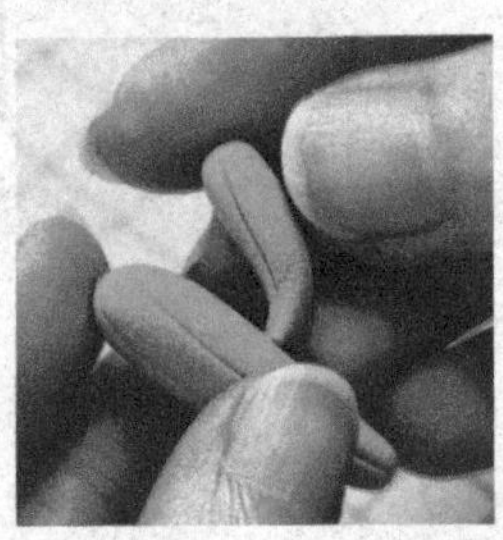

3. 把制作的两个仙人掌部件组合起来。

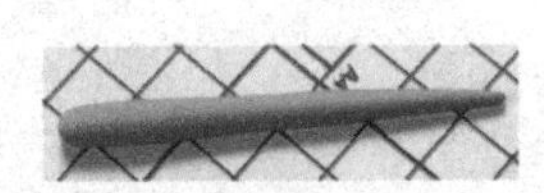

4. 将绿色黏土搓成水滴形长条。

5. 用压泥板斜着压水滴形长条，压出3个面。

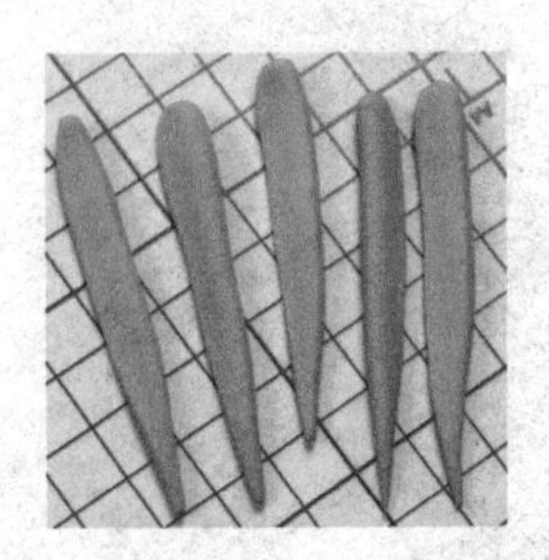

6. 用相同的方法一共做5片基础形状。

7. 用白乳胶把5片基础形状粘起来，再用剪刀修剪仙人掌造型的根部。

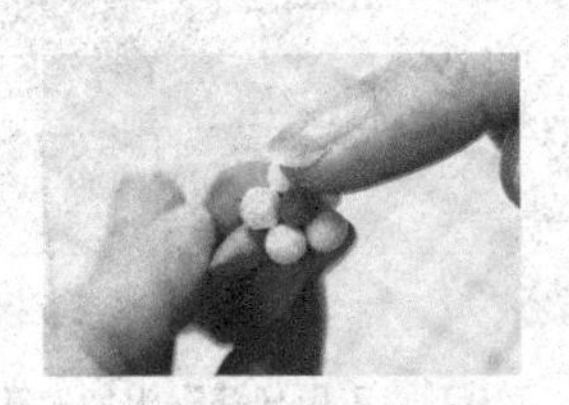

8. 用黄色和红色圆球做小花，并将小花粘在仙人掌上。

9. 刷上一点黄色色粉，完成制作。

12 圆圆的仙人球

圆圆的仙人球，开着可爱的小花。请大家不要忘记它有刺，小心扎手。

推荐黏土配色

5. 把仙人球放在花盆里，完成制作。

1. 用蓝色黏土做成圆柱形和长条，做一个圆圆的花盆。

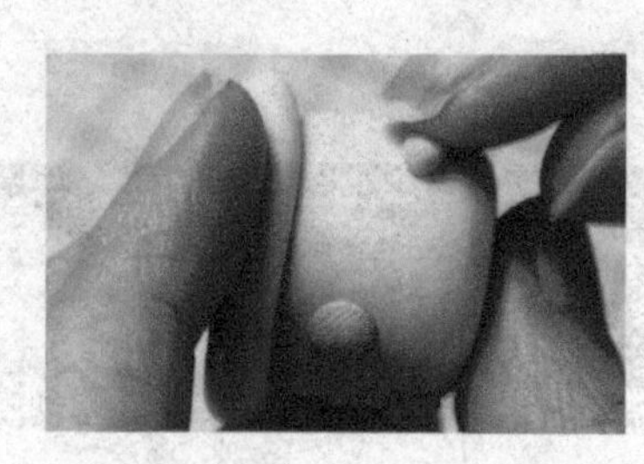

2. 在花盆外面贴上压扁的粉色圆片作为装饰。

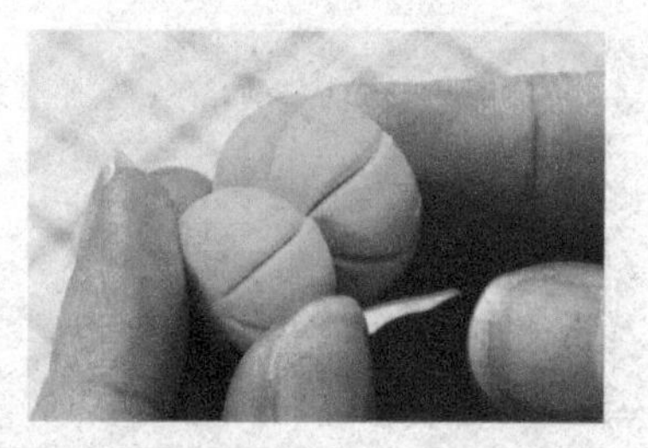

3. 将两个浅绿色黏土圆球压扁并压出纹理，再组装起来。

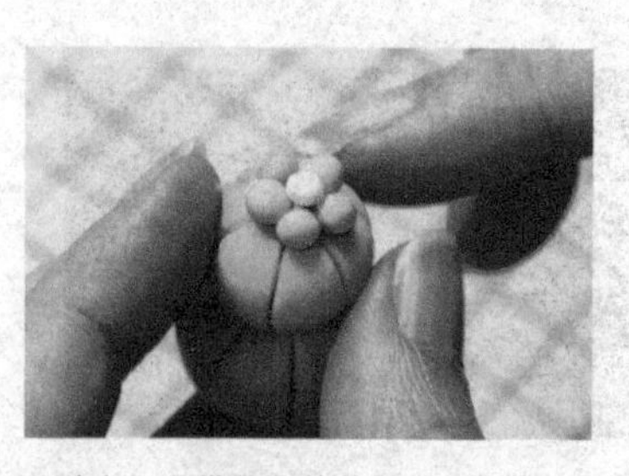

4. 贴上一朵带黄色花蕊的粉色小花。

13 可爱的小蘑菇

可爱的小蘑菇。简单易学，是不错的装饰小物。大家可以自由发挥呀！

推荐黏土配色

1. 用红色黏土做成半圆形作蘑菇盖，搓白色水滴形作蘑菇柄。将蘑菇盖和蘑菇柄组装在一起，蘑菇就做好了。

2. 搓一个白色圆柱形。

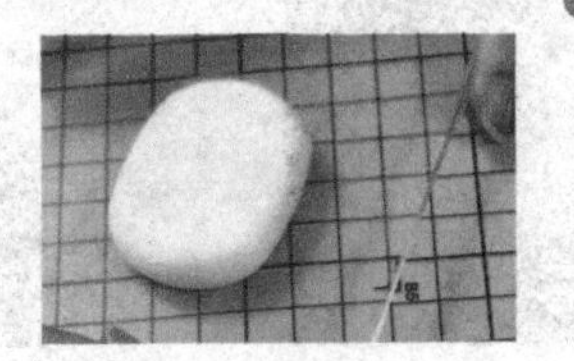

3. 用压泥板把圆柱形压扁，做出花盆主体。

4. 搓一根白色长条，围着花盆主体顶部贴一圈，做出花盆的边框。

5. 用勾线笔蘸取各色丙烯颜料，在花盆边框画上花纹。

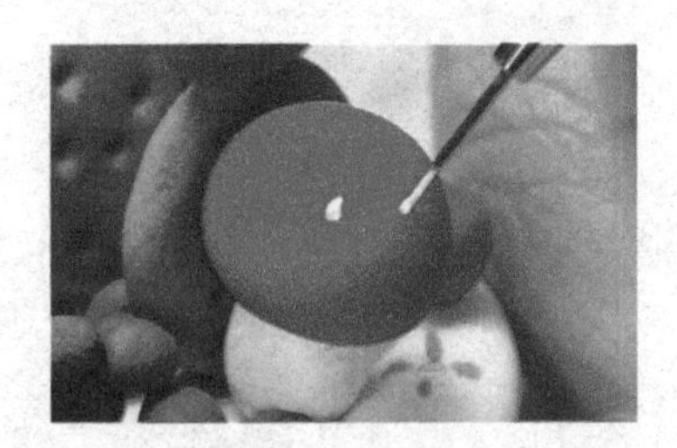

6. 给小蘑菇加上白点。

7. 给仙人掌根部插入铁丝，再把制作的3种仙人掌装在花盆里，加上灰色黏土制作的小石头和蘑菇，完成制作。

14 馥郁芬芳的玫瑰花

玫瑰花的花瓣层层叠叠交错排布，每一片花瓣的边缘都微微向下翻卷，玫瑰花显得鲜艳欲滴。

推荐黏土配色

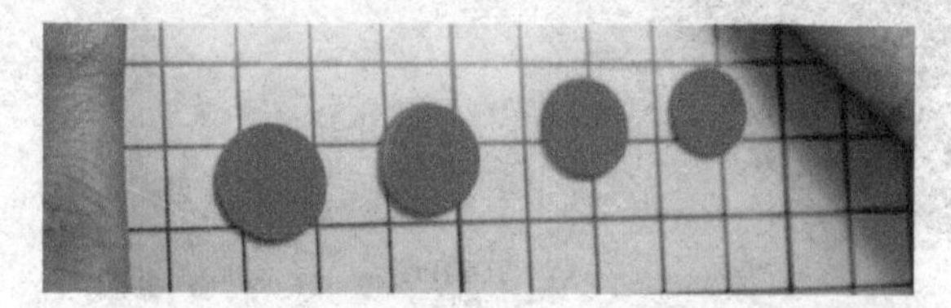

1. 准备4个大小不一的红色黏土圆球，用压泥板把圆球压扁成圆片。

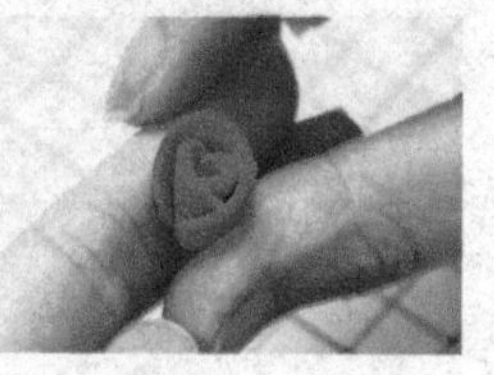

2. 把4片黏土片按大小顺序一片挨一片地拼起来。再从小的一端开始卷，卷出玫瑰花的造型。

3. 用相同的方法制作出9朵玫瑰花。

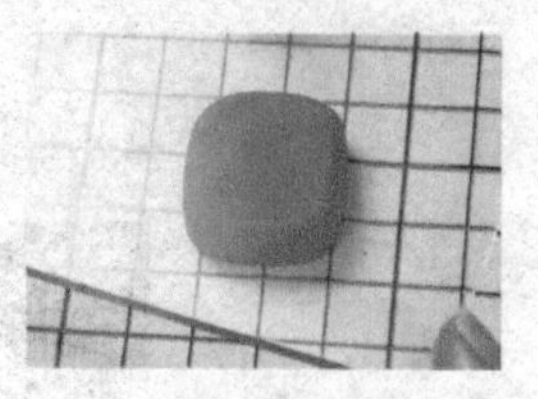

4. 用压泥板制作一个红色方形。

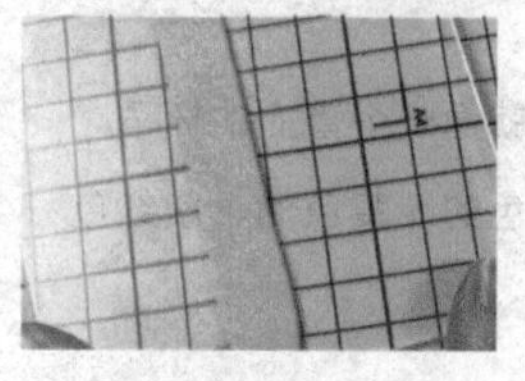

5. 将粉色黏土搓成长条。用压泥板压扁。

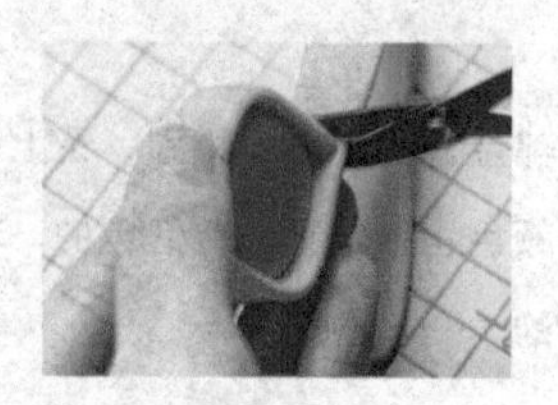

6. 围着红色方形贴一圈，做成礼盒造型。

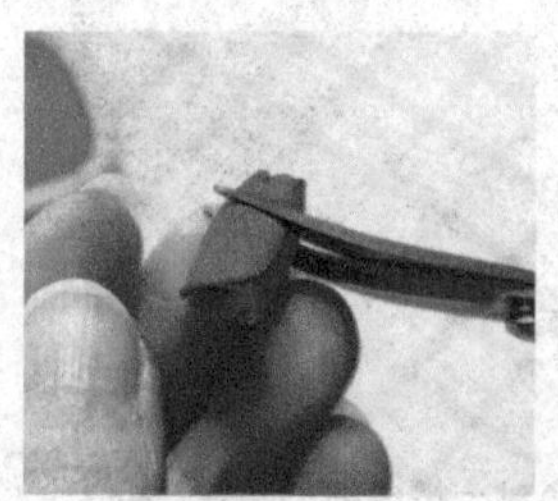

7. 剪去玫瑰花的根部，并将玫瑰花摆放在礼盒里。

8. 做几片绿叶插在花朵之间。在礼盒外贴上白色小圆点，完成制作。

推荐黏土配色

15 郁金香花篮

郁金香的花形很特别，看上去就像一个直立的杯子。颜色也很丰富，有红色的、粉色的、黄色的、紫红色的……十分娇艳。

麻花的制作

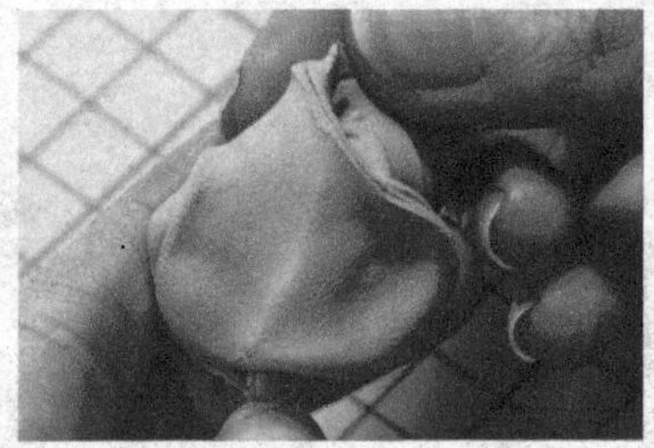

1. 用大量白色、少许黄色和少许棕色黏土调出浅咖色黏土。

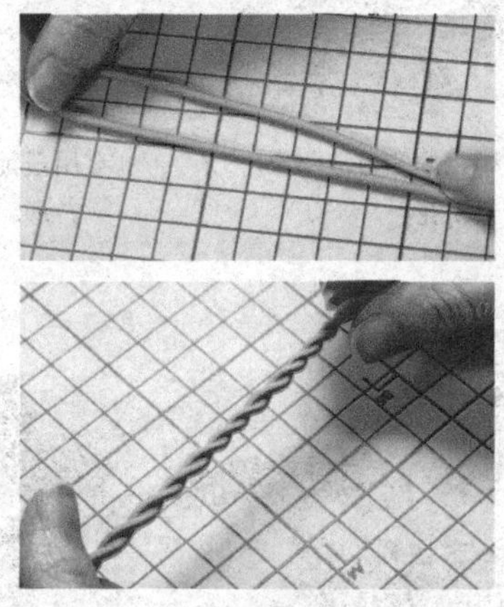

2. 将浅咖色黏土搓成细长条并对折，再扭成麻花状。可多做几条用于编织花篮。

3. 取一条麻花状长条盘出花篮的圆形底盘。

4. 在底盘上一圈一圈叠加长条，围到想要的高度。

5. 将一段黏土长条涂上白乳胶后粘在篮子上作提手。

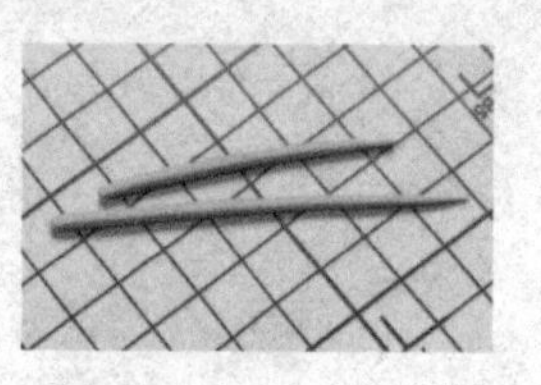

6. 将绿色黏土搓成长条作为郁金香的茎。

7. 搓一个浅黄色黏土小圆球，用棒针工具将小圆球压成边缘薄中间厚的圆片，花瓣就做好了。

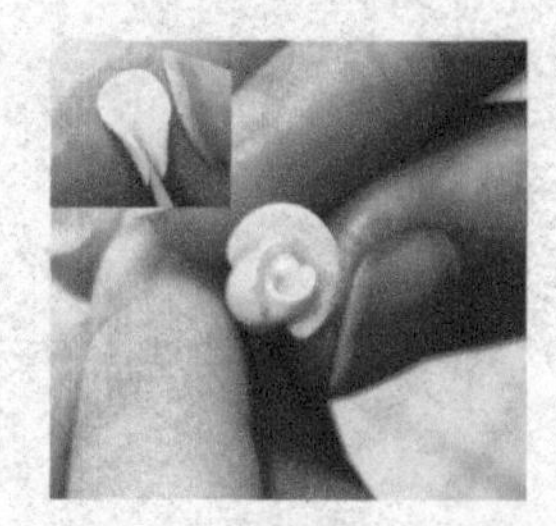

8. 为一朵郁金香准备4片花瓣，随后把花瓣从小至大依次贴到花茎上，每一片错开贴。

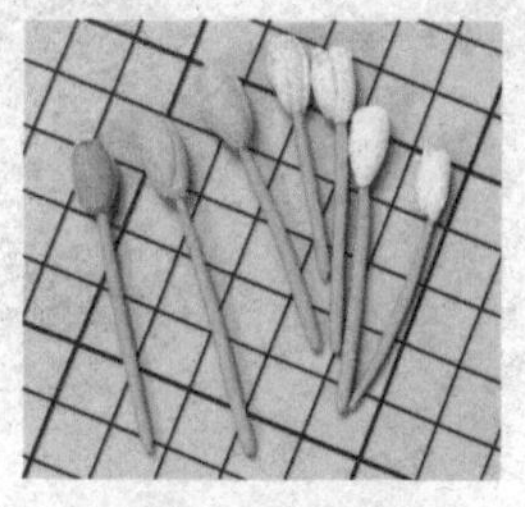

9. 用相同的方法制作一些不同颜色的郁金香，有粉色的、浅蓝色的、浅黄色的。

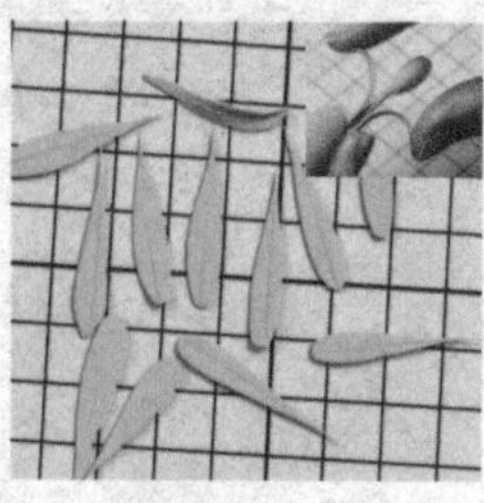

10. 参考前面的叶片做法，做出适量绿色叶子。如图所示，将其粘到郁金香花茎上，并用手压出向外翻的弧度。

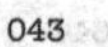

11. 用相同的方法再做几枝郁金香。用剪刀修剪花茎的长度，将郁金香放入花篮中。

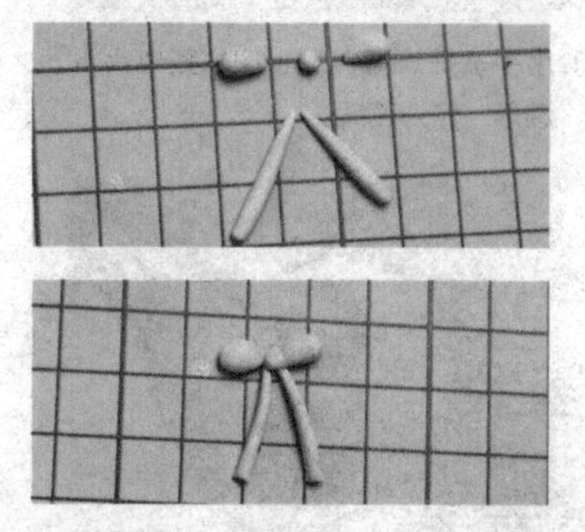

12. 准备水滴形和小圆球粉色黏土来制作蝴蝶结。

13. 把蝴蝶结粘在花篮提手上，完成制作。

推荐黏土配色 

16 清新的小雏菊

雏菊是多年生的草本植物，花朵偏小，一层长水滴形的花瓣围着黄色花蕊。小雏菊颜色多样，有白色的、粉色的、紫色的等。建议搭配不同颜色的小雏菊，让观赏效果更好。

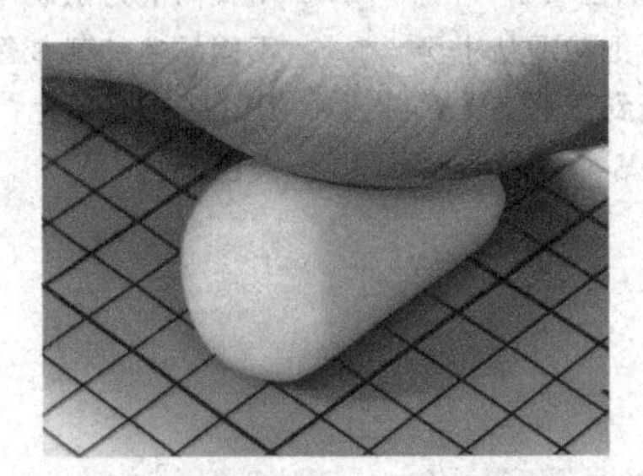

1. 用手掌把浅蓝色黏土圆球搓成大水滴形，作为花瓶。

2. 把花瓶立起来，将底部压平，再用小号丸棒确定瓶口位置。

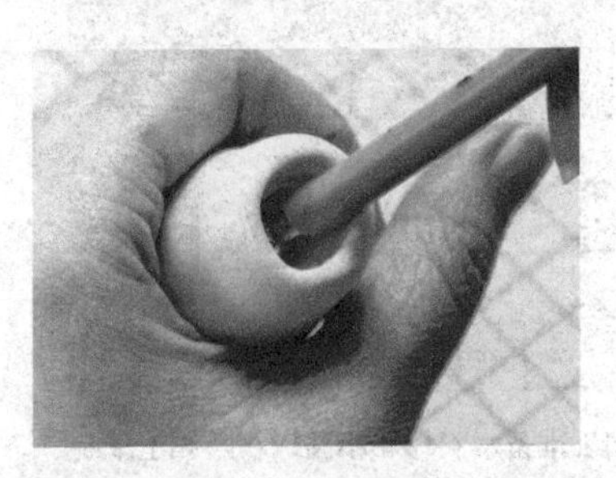

3. 用小号丸棒把瓶口压深、扩大，方便插花。

4. 用勾线笔蘸取白色丙烯颜料，在花瓶上画上装饰小白花。

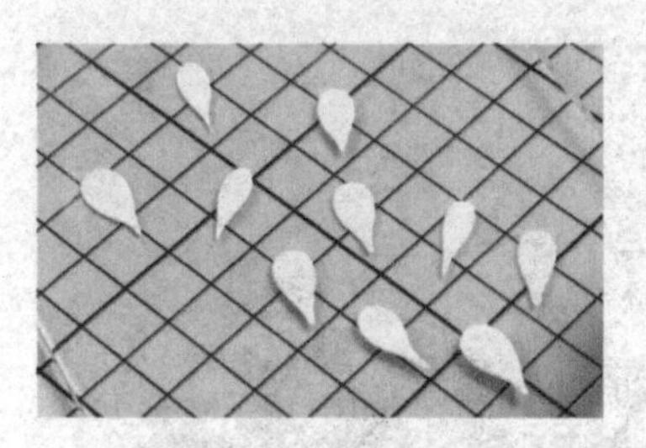

5. 将白色黏土搓成小水滴形，再将其用压泥板压扁作花瓣。用刀形工具压出纹路。做出若干片花瓣。

6. 把花瓣拼成一朵小雏菊，加上一片黄色圆形黏土片作为花蕊。用七本针戳出花蕊肌理效果。然后用相同的方法再制作5朵小雏菊。

7. 用绿色黏土做出叶子的雏形，然后在叶子的边缘切出纹理，用手轻轻弯出叶子形态。根据制作的花朵数量，准备足够多的叶片，叶片可大可小。

8. 取绿色黏土搓成细长条作为花茎。把制作的叶子错位贴在花茎上，注意调整叶片形态。

9. 把小雏菊粘在花茎顶部，再插入花瓶里。完成制作。

17 粉嘟嘟的桃蛋多肉

桃蛋多肉的叶片肉质丰满、圆润，叶片上分布着淡紫色、粉红色和绿色的色调，且叶片表面附着一层厚厚的粉末。

桃蛋多肉是非常喜欢光照的植物，在光照充足的环境下叶色会变为粉红色，更美观。

推荐黏土配色

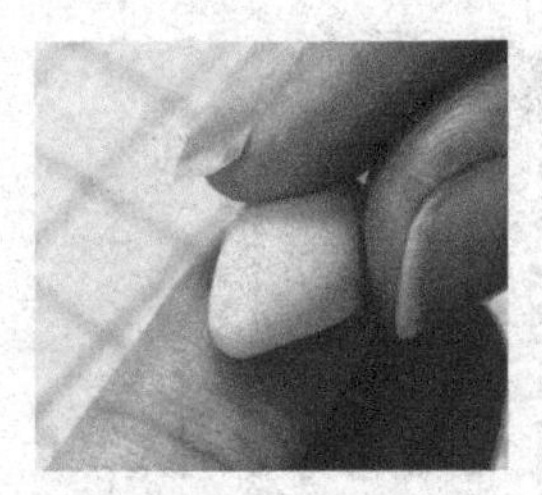

1. 用白色和红色黏土调成粉色黏土，或者直接用现成的粉色黏土搓成水滴形。用手指把水滴形黏土的圆的一端压平，做出桃蛋多肉的叶片。

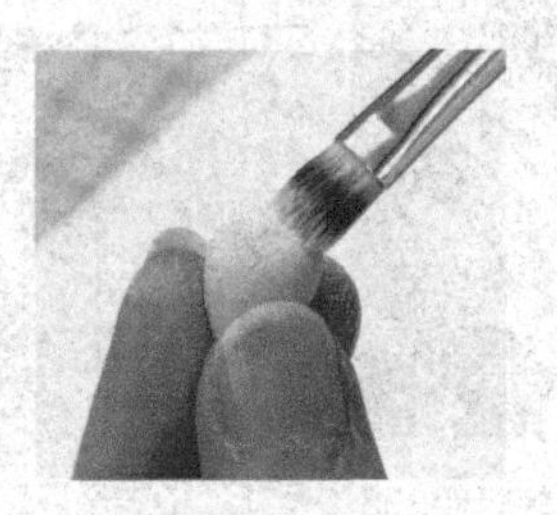

2. 用色粉刷蘸取白色色粉，刷在多肉叶片的顶部。

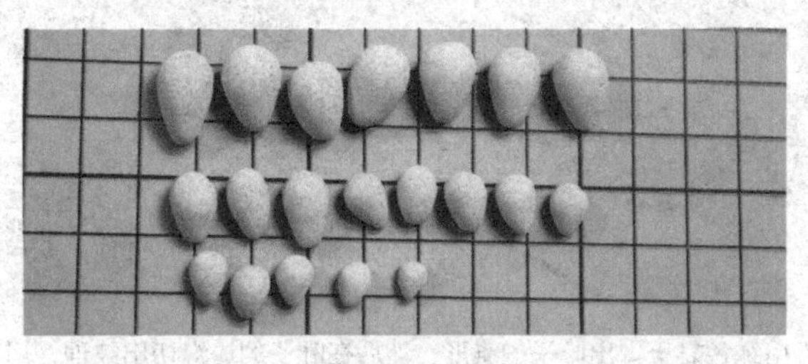

3. 用相同的方法，制作出3种不同大小的多肉叶片，并上色。

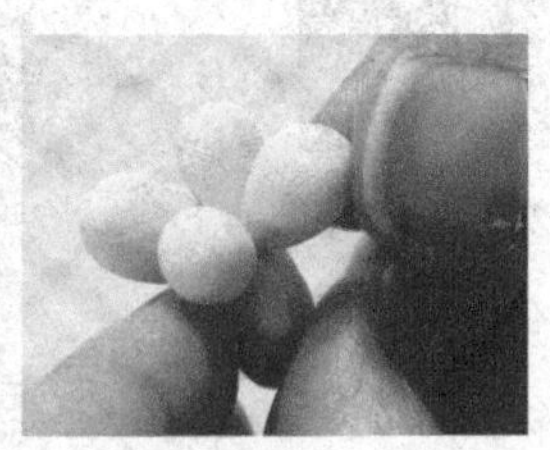

4. 在多肉叶片底部涂白乳胶，按从小到大的顺序一圈一圈地粘在粉色条状黏土上，拼出一大一小两组桃蛋多肉。

18 虹之玉多肉

虹之玉多肉是一种人工杂交得到的景天科景天属植物，它的植株较高且分枝。多肉叶片呈圆筒形至卵形，绿色。在阳光充足的条件下，叶片顶部的绿色会转为红褐色。

推荐黏土配色

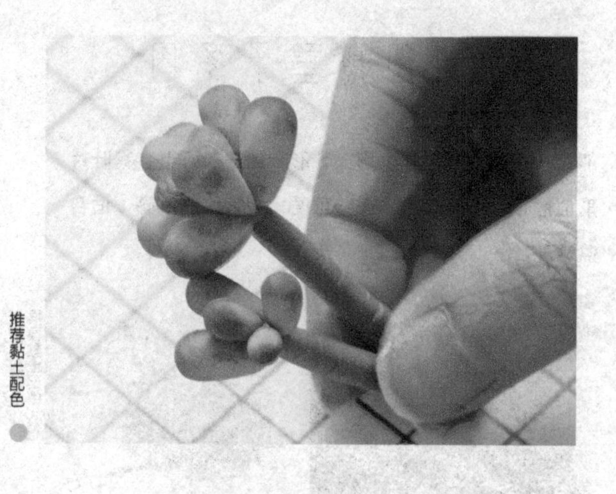

1. 把绿色黏土搓成水滴形。做出虹之玉多肉的叶片形状。

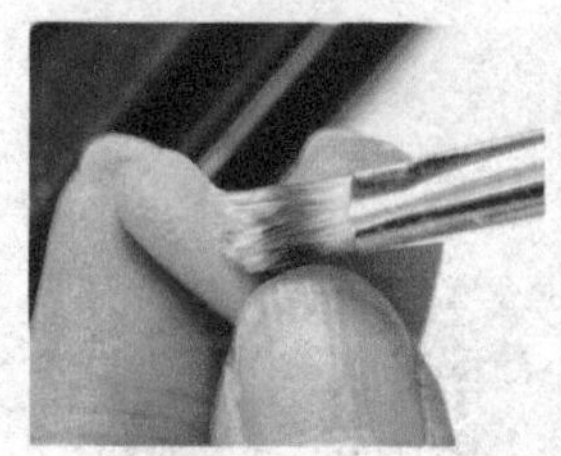

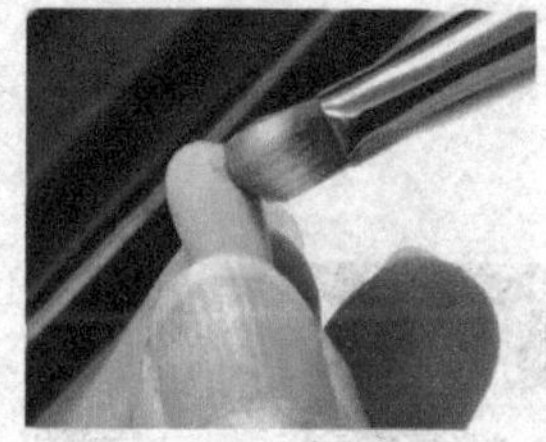

2. 依次给多肉刷上黄色和红色色粉。

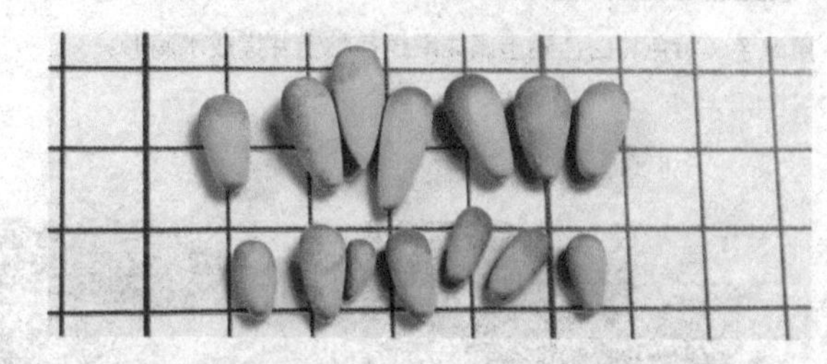

3. 用相同的方法制作出大大小小的虹之玉多肉的叶片。

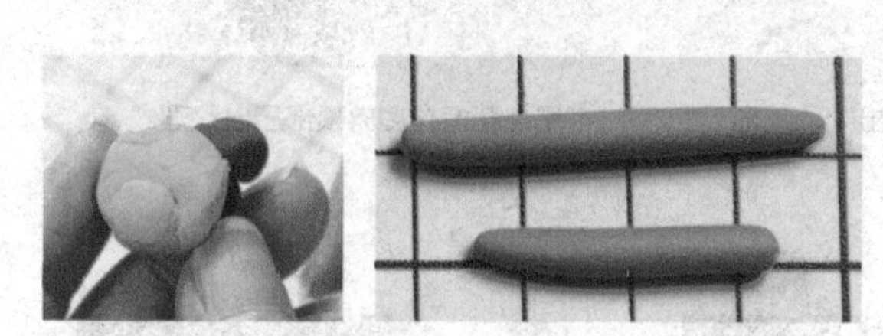

4. 用绿色黏土加棕色黏土制作深绿色的花茎，然后搓成一长一短两根长条。

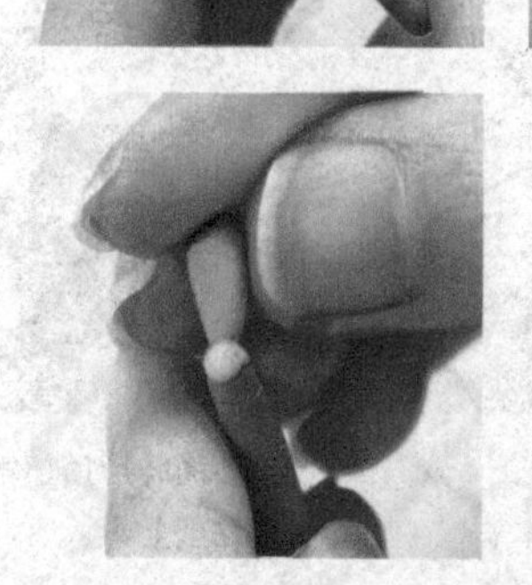

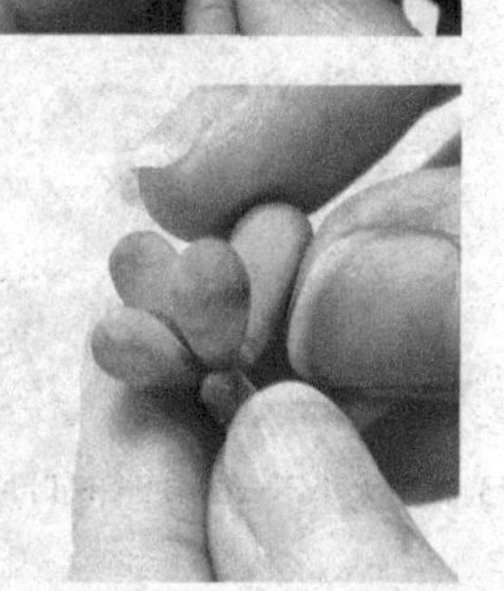

5. 用刀形工具在花茎上压出纹理，插入铁丝，再用白乳胶把多肉粘在花茎上，做出两组虹之玉多肉。

19 萌萌的熊童子多肉

熊童子多肉造型玲珑小巧，叶形叶色都很好看，其叶片形似熊掌，形态奇特，十分可爱，观赏价值很高，适合盆栽观赏。

推荐黏土配色

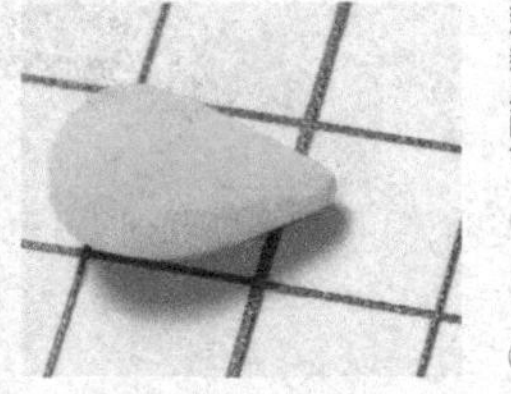

1. 用绿色、黄色和白色黏土调成嫩绿色黏土并搓成水滴形。

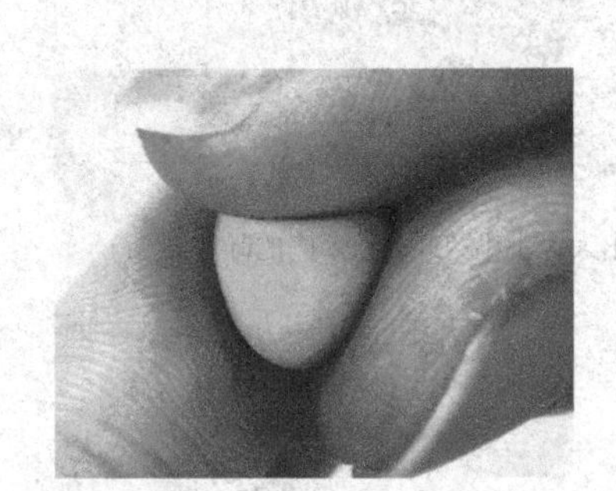

2. 用手指把多肉顶部一侧压平。

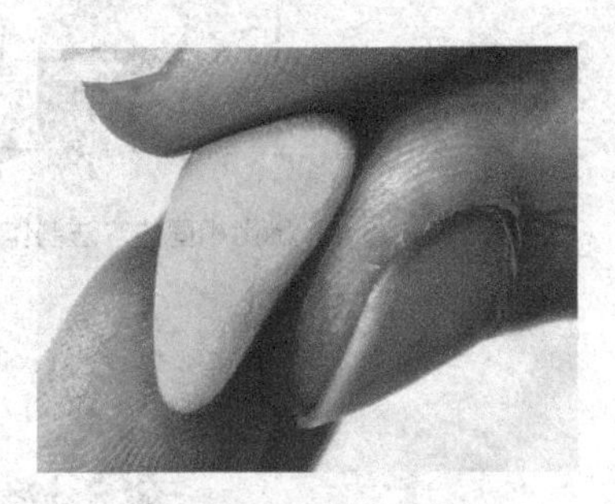

3. 用手指捏扁顶端，做出叶片雏形。

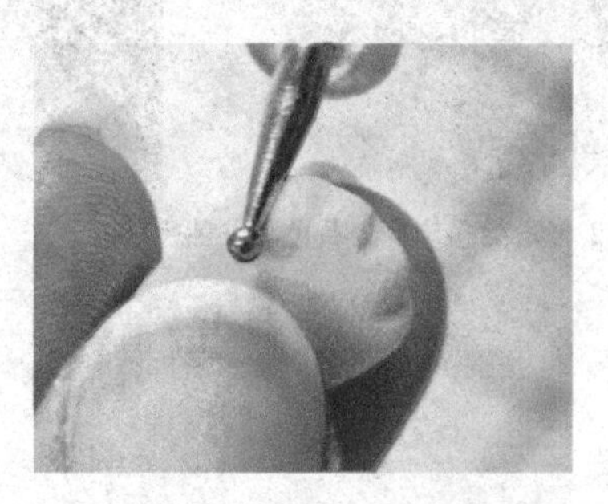

4. 用点花笔在多肉顶部压出纹理。

5. 做出大小不一的4片多肉叶片。

6. 给多肉叶片顶部刷上红色色粉，再把多肉叶片两两相对，贴在作为底座的嫩绿色黏土上。

20 超可爱的粉蓝鸟多肉

粉蓝鸟多肉为景天科拟石莲花属植物，叶片排列呈莲花座状。叶片表面带白粉并有叶尖，颜色多为蓝色、粉蓝色，很是特别。

推荐黏土配色

1. 用大量白色、少量绿色、少量蓝色，以及少量棕色黏土调成粉蓝鸟多肉的颜色。

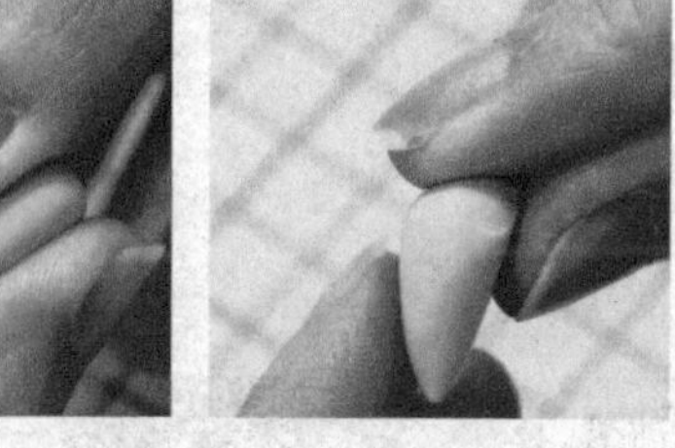

2. 使用与熊童子多肉作品相同的制作方法，取适量混色黏土做出粉蓝鸟多肉的叶片造型。

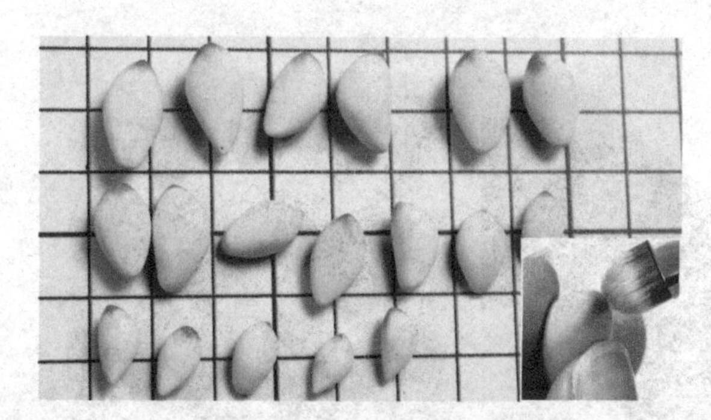

3. 制作3种大小的多肉叶片，再刷上红色色粉。

4. 把多肉叶片一层一层地错位粘在涂了白乳胶的圆形底座上。超可爱的粉蓝鸟多肉完成制作。

21 茂盛的多肉树桩

树桩可以带给人一种原始的自然气息，与多肉植物搭配是最佳组合。在本案例中，我们就把前面制作的4种多肉种在树桩里。

推荐黏土配色

5. 将多肉装在树桩里，完成制作。

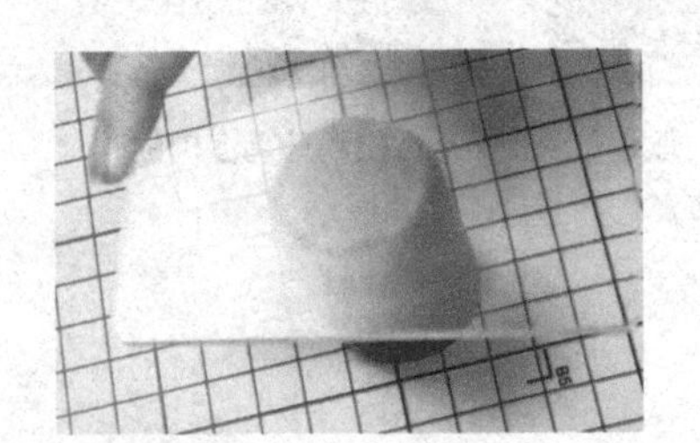

1. 取棕色黏土做成圆柱形。

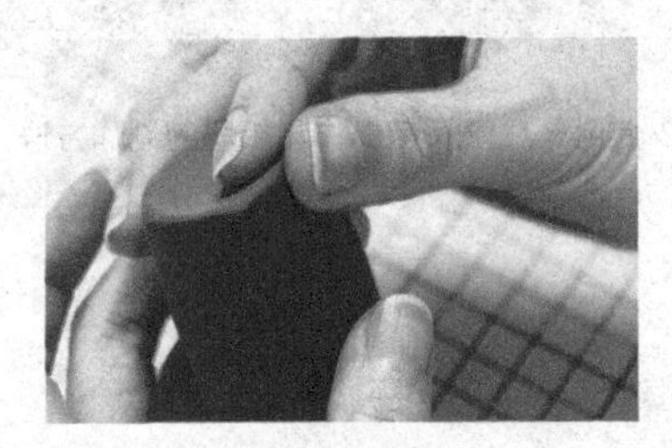

2. 用手指捏平侧面边缘。

3. 用七本针在圆柱上刮出纹理。

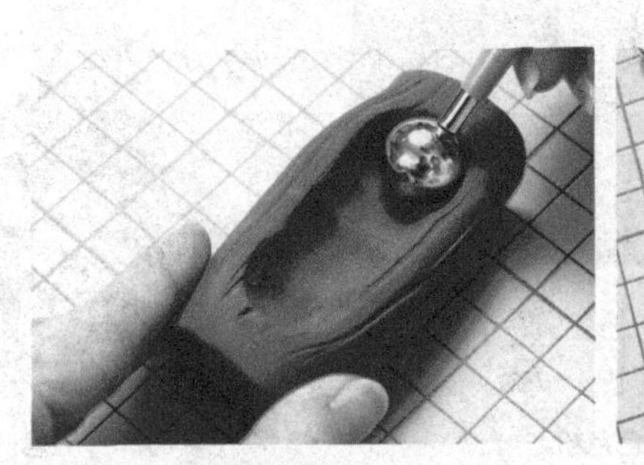

4. 用丸棒在圆柱上压出凹槽，种上前面制作的4种多肉。

22 清雅的竹子

一根竹子有很多节，这些竹节上会长出分枝和须根。竹子和竹叶一般都是深绿色的。竹子可以用来做编织工艺品，还可以用来做竹筒饭，超美味。

推荐黏土配色

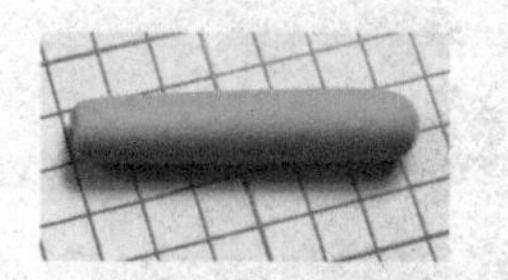

1. 用深绿色黏土搓一个圆柱形，作为竹竿。

2. 用丸棒按压竹竿顶端，压出凹槽。

3. 用刀形工具在竹子上划出竹节。

4. 在浅绿色细条黏土中间加入铁丝，以增加竹子的支撑力度。

5. 用刀形工具划出竹节。

6. 用相同的方法制作4根竹子。

7. 搓3个深绿色水滴形黏土，再用压泥板压扁。用刀形工具在水滴形黏土片中间压出纹理，然后拼成竹叶的样子。

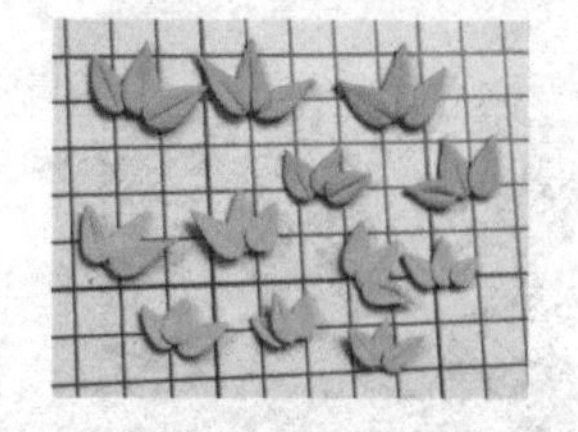

8. 用相同的方法，使用不同深浅的绿色黏土，做出多组竹叶。

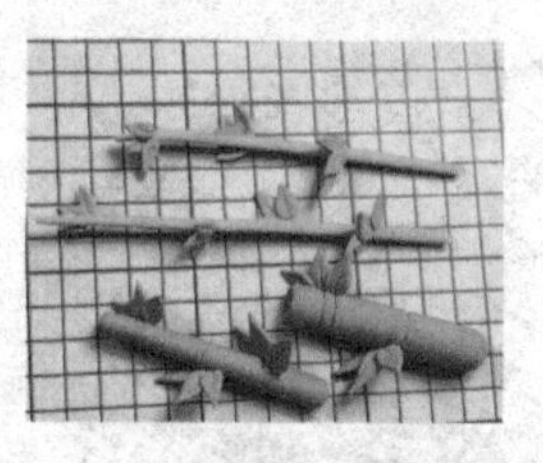

9. 把竹叶固定在竹子的竹节上。

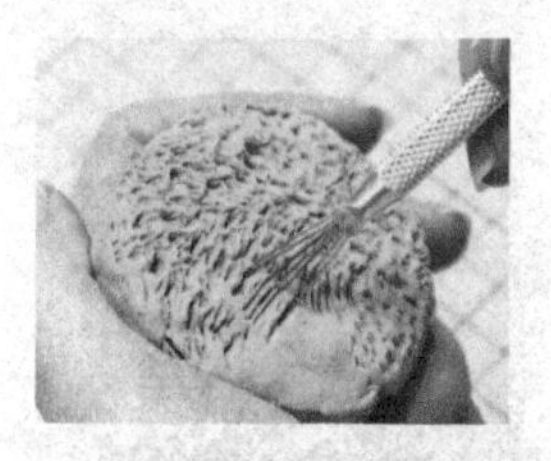

10. 在圆形底座上铺一层草绿色黏土，用七本针刮出草坪的效果。

11. 把竹子固定在草地底座上。添加一些小蘑菇，完成制作。

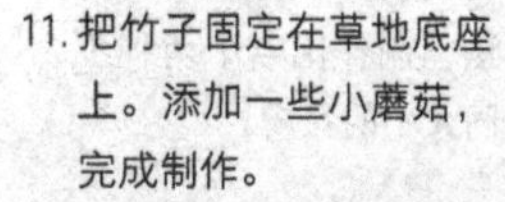

23 映日荷花

荷花是莲属多年生水生草本花卉。叶片呈圆形，深绿色，叶片边缘呈微微起伏的波状，叶面光滑。花朵生于花茎顶端，花形美丽，有单瓣、复瓣、重瓣等类型，有白色、粉色、深红色等颜色。

推荐黏土配色

1. 用大量白色和少许黑色黏土调成灰色黏土，并把黏土揉成圆球。把黏土圆球放在掌心，用丸棒压出坑。用手指慢慢把坑捏大，做出水缸的缸体。

2. 搓灰色黏土长条，将其贴在缸体顶部作缸沿。给水缸刷上蓝色色粉。

3. 将粉色黏土搓成梭形。

4. 用丸棒把梭形压扁作荷花的花瓣。用相同的方法，制作出若干两种不同大小的花瓣。

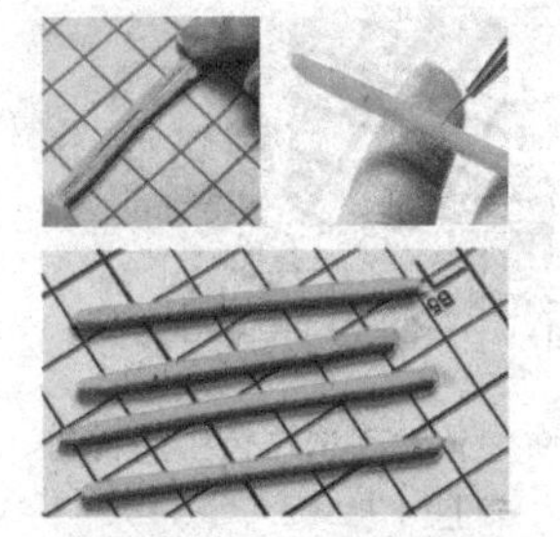

5. 把铁丝压入绿色黏土长条里，包起来并搓均匀，随后在表面点上荷花茎上的小刺。

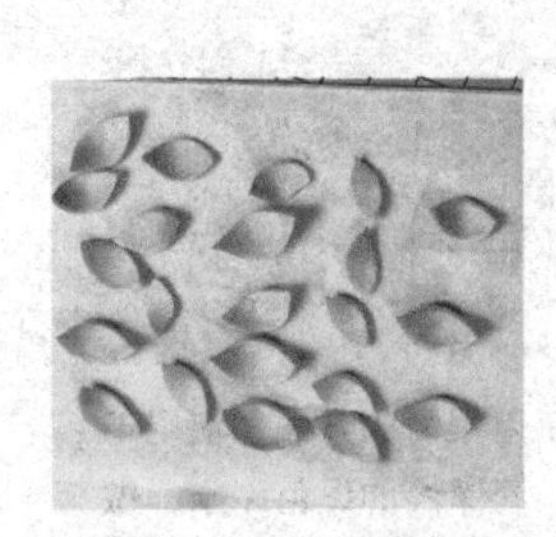

6. 给花瓣尖刷上红色色粉。

7. 用大量黄色加少量绿色调出的黄绿色黏土搓成水滴形，用手压扁水滴形顶部，再用点花笔在上面戳出莲子的洞。

8. 擀一片黄色薄片。用剪刀剪出花蕊，晾干。用相同的方法再做一片。

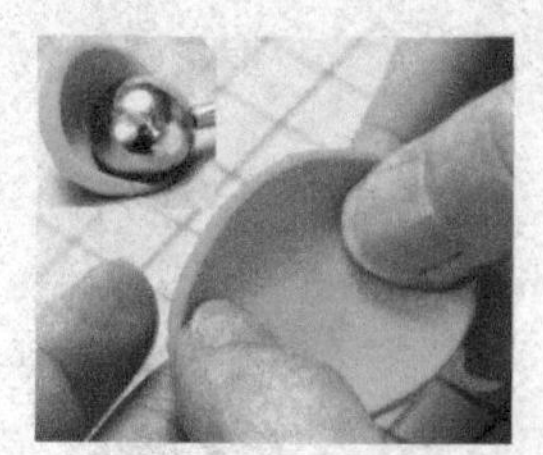

9. 揉一个绿色圆球。用丸棒压扁。把黏土放手心里，用丸棒滚动按压边缘，压成片。用手指调整一下黏土片造型，做出荷叶的基本形状。

10. 用小刀划出荷叶上的叶脉纹理。在荷叶中心粘一颗绿色小圆球。取不一样的绿色系黏土用相同的方法再制作一片小荷叶。

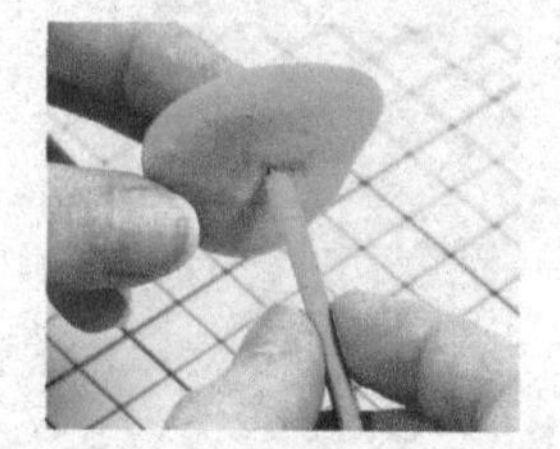

11. 先用白乳胶把花茎和荷叶固定在一起。

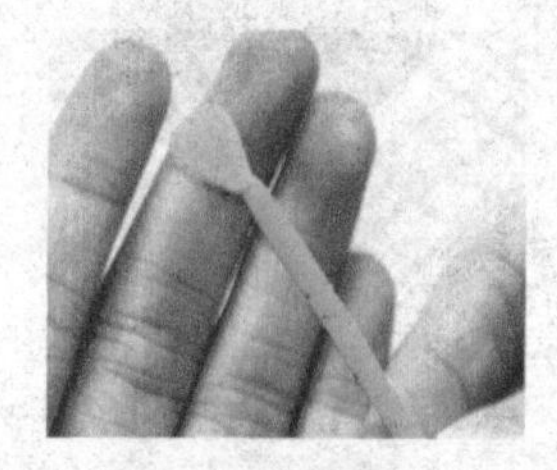

12. 把莲蓬固定在花茎上。

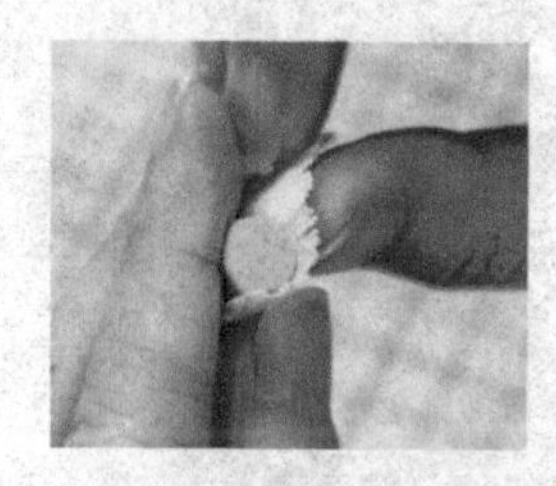

13. 将花蕊部件围着莲蓬贴一圈。

14. 围着花蕊贴上两层花瓣，做出大小不同的两朵荷花。

15. 拿出一开始做好的水缸并在里面填入一块蓝色黏土，随后用手把黏土压平整，做出水缸里的水面效果。

16. 用剪刀把花茎上多余的黏土剪掉，露出铁丝，再插入水缸里，随后用相同操作把组合的花茎都固定好。

17. 将白色黏土搓成小圆球作小水珠，随机粘在荷叶与花瓣上。完成制作。

Chapter 3

第3章 一起来逛动物园

大家到过动物园吗？知道动物园里面有哪些可爱的小动物吗？下面跟着我一起来逛逛动物园，看看里面的动物吧。

推荐黏土配色

1 采花粉的小蜜蜂

小蜜蜂是一种会飞行的群居昆虫，主要食物是花粉或花蜜。它有圆圆的眼睛，头身有触角，背上有一大一小两对翅膀，椭圆形的腹部上有多条黑色条纹。

1. 将黄色黏土搓成椭圆形作为小蜜蜂的身体。

2. 将两条黑色长条用压泥板压扁。

3. 将长条围在小蜜蜂身体上，贴出花纹。

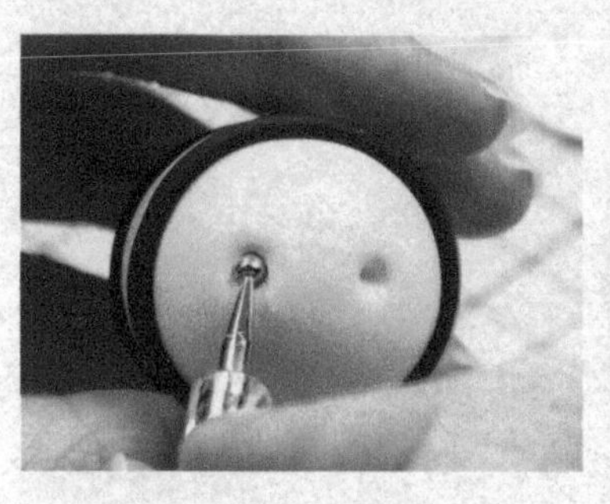

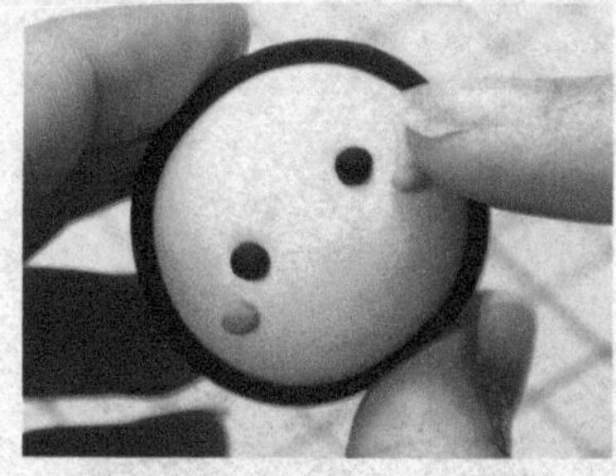

4. 用点花笔压出眼窝，然后贴上黑色眼珠和粉色腮红。

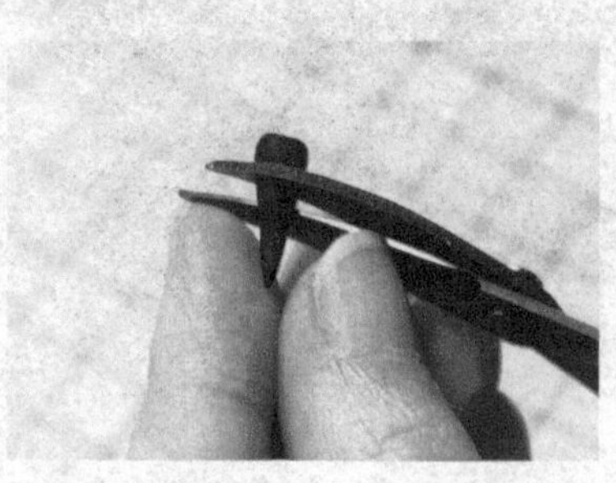

5. 将两组小圆球和长条拼起来并粘在小蜜蜂头上作为触角。再剪下水滴形尖的一端，贴在小蜜蜂尾部作为刺。

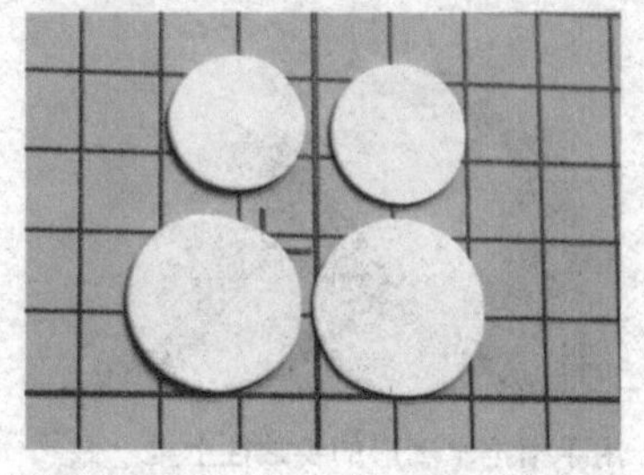

6. 将白色黏土压出两个大圆片和两个小圆片作为小蜜蜂的翅膀。

7. 把翅膀部件按大小组合后贴在小蜜蜂背上，小蜜蜂就制作完成了。

8. 参考第2章植物园中“花朵胖嘟嘟”案例讲解的花朵制作方法，做一朵小花。

9. 在花朵一侧用大号丸棒压一个窝，把做好的小蜜蜂放上去。小蜜蜂就好像正在花朵上辛勤地采蜜。完成制作。

推荐黏土配色

2 呆萌的小鸡

小鸡是一种家禽，有不同的毛色，头上有鸡冠，尾巴翘翘的，它尖尖的小喙上有两个特别的小孔，那是它的鼻子。

1. 搓一个浅黄色胖水滴形黏土作为小鸡的身体。

2. 用手指把水滴形的尖端往上推，做出小鸡翘起的尾巴。

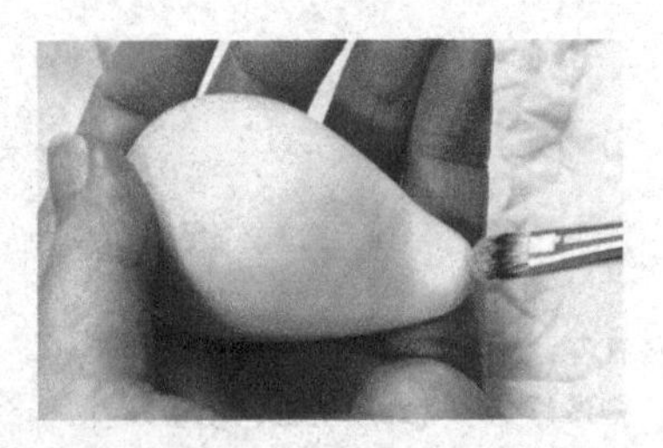

3. 给小鸡的尾巴和头部刷上黄色色粉。

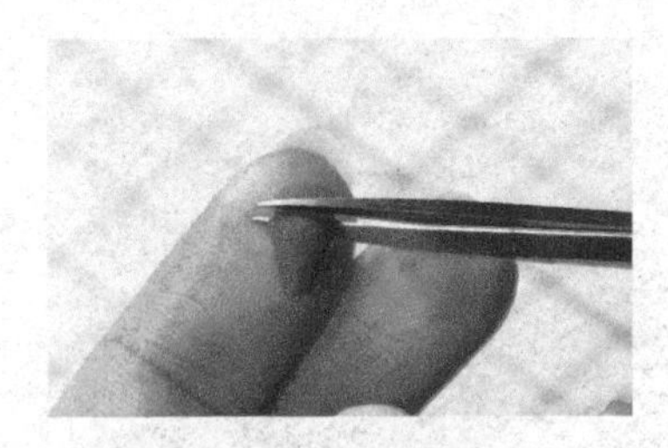

4. 取棕色黏土搓成小水滴形，并把水滴形圆的一端剪平整，作为喙。

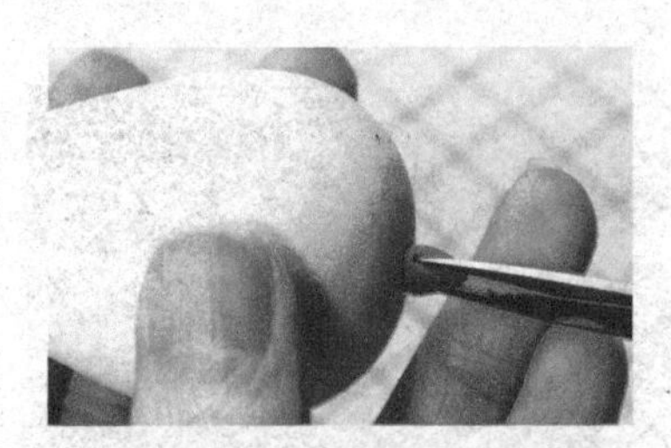

5. 固定住喙后，用剪刀轻轻压一下喙两边，强化喙的效果。

6. 用点花笔压出小鸡眼窝。

7. 放上黑色眼珠。

8. 贴上腮红并将其压扁。

9. 将浅黄色黏土搓成3个不同大小的水滴形，同时在水滴形尖的一端剪出斜面，以便组合粘贴。

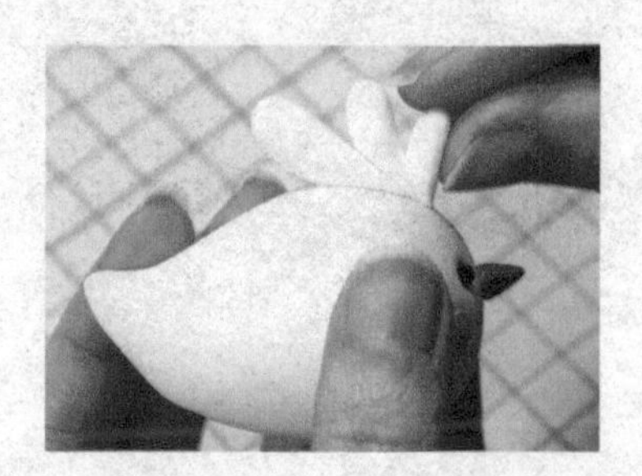

10. 把处理过的水滴形依次贴在头上作为鸡冠。

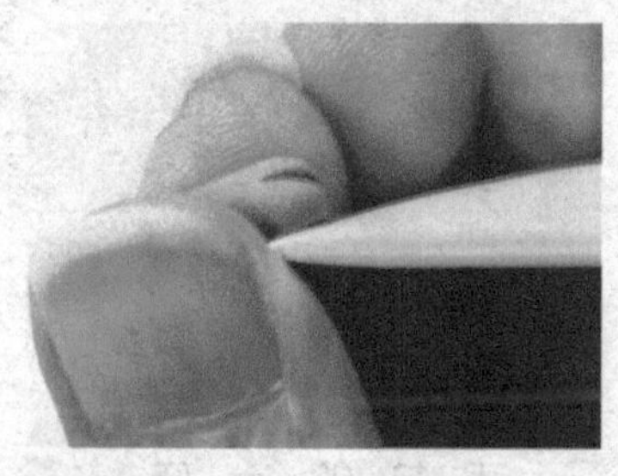

11. 用刀形工具在棕色水滴形上压出小鸡脚趾。

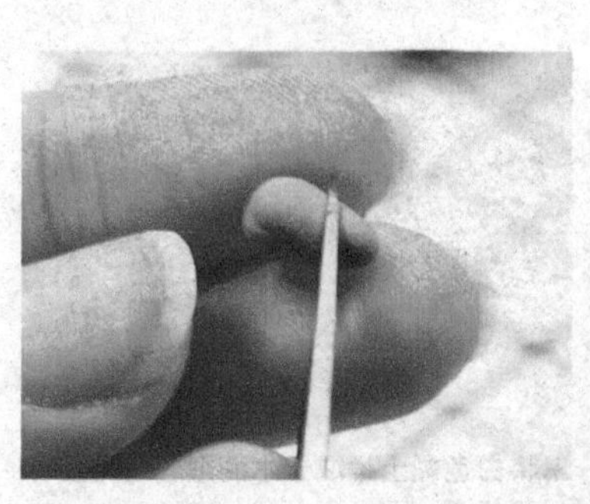

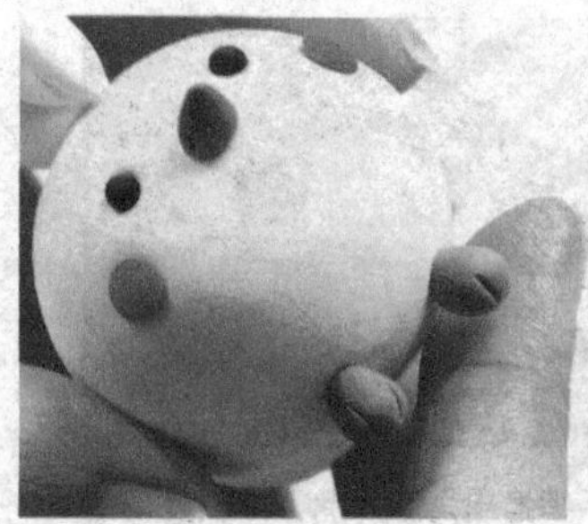

12. 修剪掉鸡爪部件上多余的部分，并将其贴在小鸡腹部位置处，完成制作。

推荐黏土配色 

3 跃起的海豚

海豚体型圆滑、流畅，嘴巴呈尖状，额头隆起，看起来十分可爱。

1. 用掌心轻轻按压浅蓝色水滴形黏土，作为海豚身体雏形。

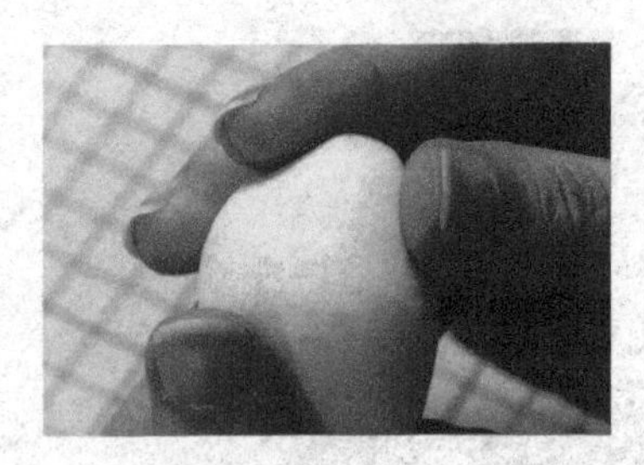

2. 用手指捏出海豚的嘴，并反复调整嘴形。

3. 将白色黏土搓成长水滴形，并用压泥板压扁。

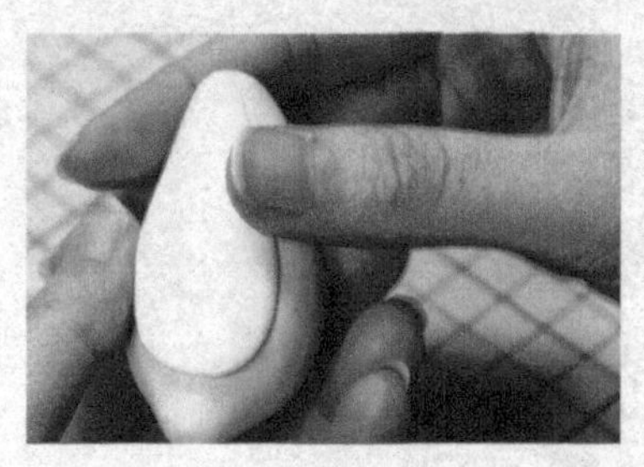

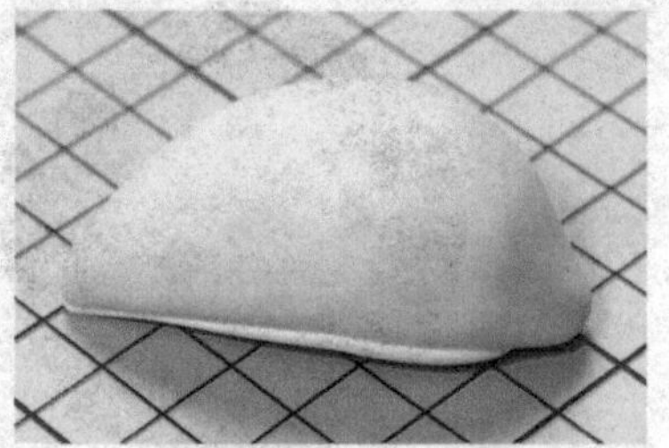

4. 把水滴形薄片贴在海豚肚子上，并把边缘按压平整，海豚身体就制作完成了。

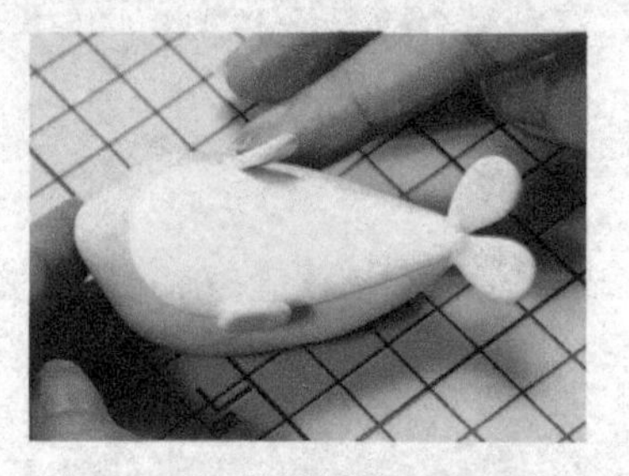

5. 将4个压扁的浅蓝色小水滴形黏土片贴在海豚身体两侧和尾端。

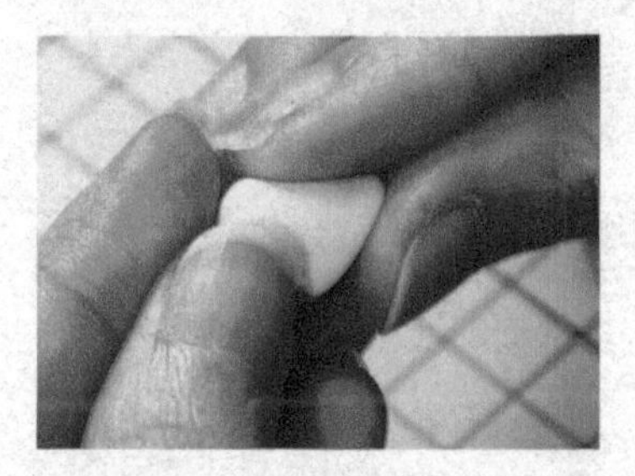

6. 做一个浅蓝色三角形黏土片，并把顶部扳弯。

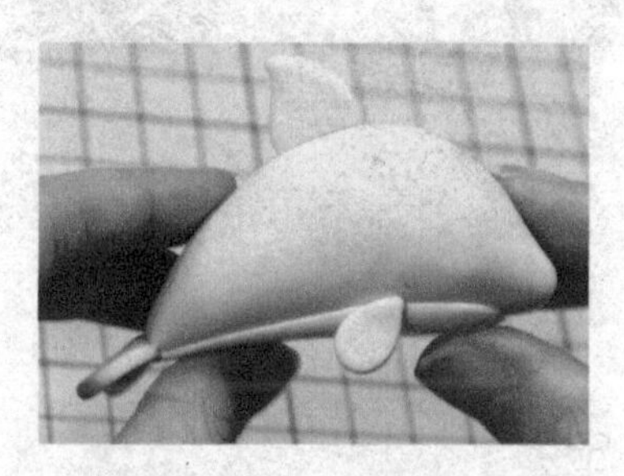

7. 修剪三角形黏土片底部，并将黏土片贴到海豚背部作为背鳍。

8. 用点花笔压出眼窝后放上眼珠，再贴上腮红。

9. 将白色黏土搓成一些大大小小的水滴形和一个扁圆形底座。在水滴根部和底座中心刷上蓝色色粉。

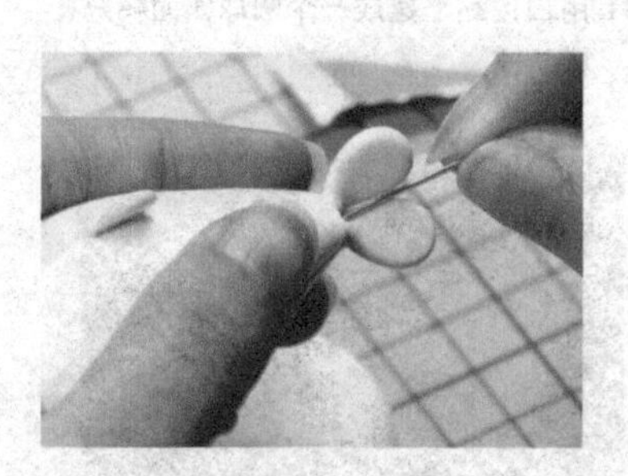

10. 待海豚晾干后插入铁丝。

11. 把海豚固定在底座上后在海豚边缘贴上水滴形，做出浪花的效果。完成制作。

推荐黏土配色

4 鸭妈妈和它的宝宝

鸭子的体型相对较小，脖子短，嘴大，脚掌位于身体后侧。鸭子走起路来摇摇摆摆的。

鸭子性格温驯，在幼年时期鸭子的毛色是黄色的。随着鸭子一天天地长大，它的毛色也慢慢改变。

1. 用白色黏土搓成一个圆球作为鸭妈妈头部。

2. 将白色黏土搓成稍大的水滴形。

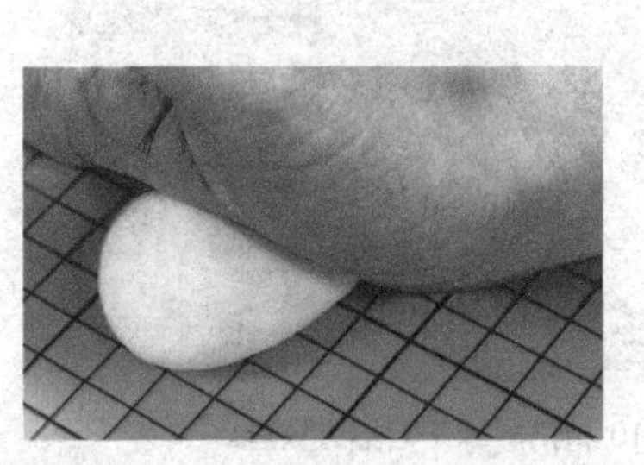

3. 用手掌按压水滴形尖的一端，压出鸭妈妈的身体弧度。

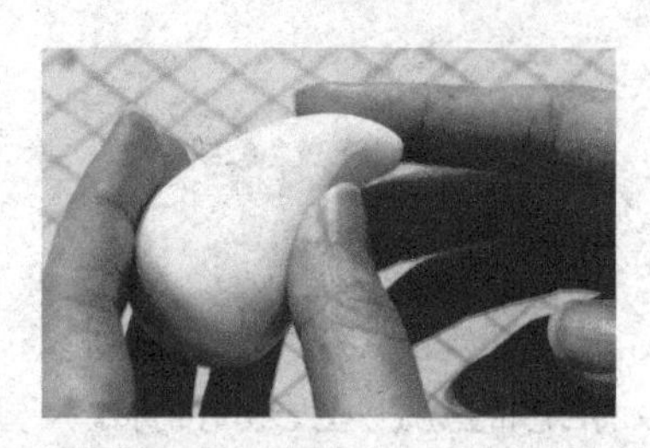

4. 用手指扳弯鸭妈妈的尾巴。

5. 将两个小的水滴形用压泥板压扁作为翅膀。

6. 用小刀压出羽毛。

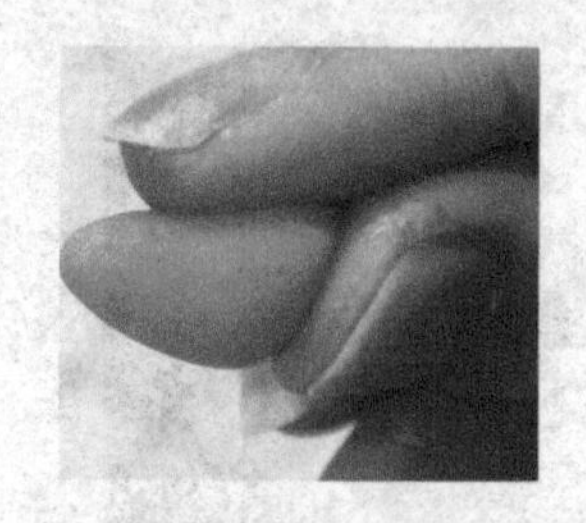

7. 用手指将橘色水滴形黏土捏出鸭掌造型。

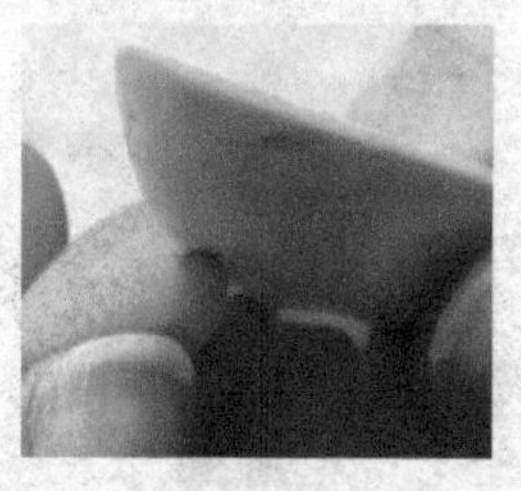

8. 用刀形工具压出鸭妈妈的脚趾。

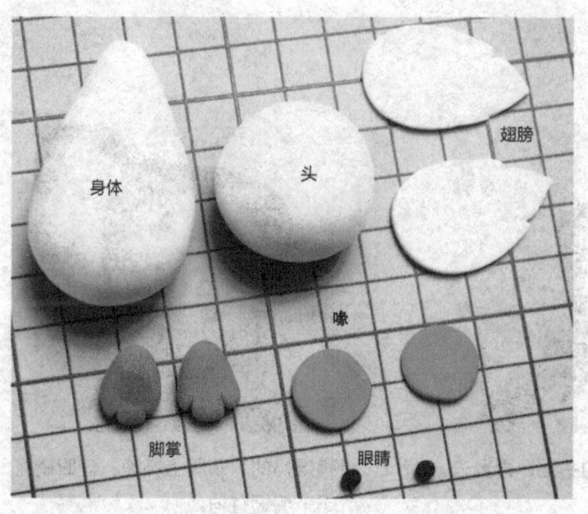

9. 如图所示，准备好鸭妈妈的头、身体、翅膀、脚掌、喙、眼睛等配件。

10. 在圆球上添加眼睛。

11. 将两个圆片的两侧贴一起作为鸭喙。

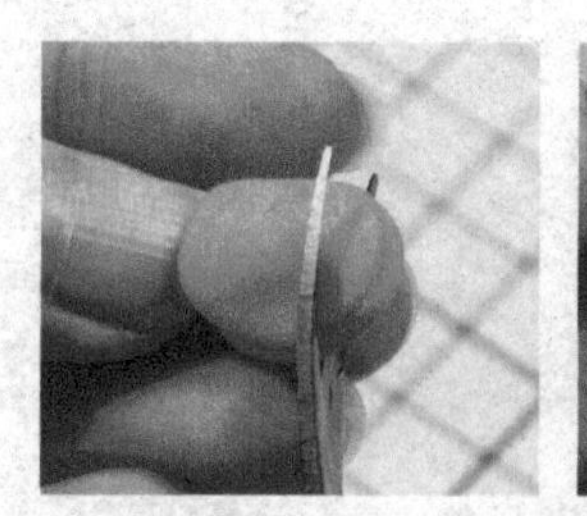

12. 修剪鸭喙并将其贴在鸭头上，再刷上腮红。

13. 用牙签把鸭妈妈的头和身体连接组合起来。

14. 贴上翅膀。

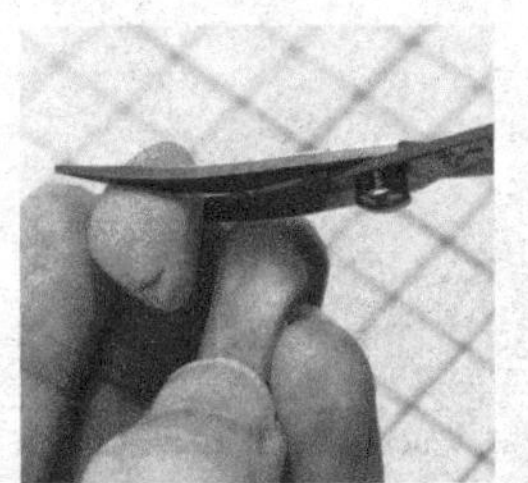

15. 修剪脚部配件，并将其固定在鸭身上。

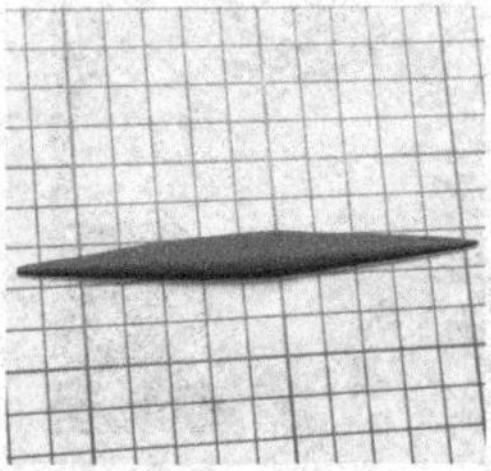

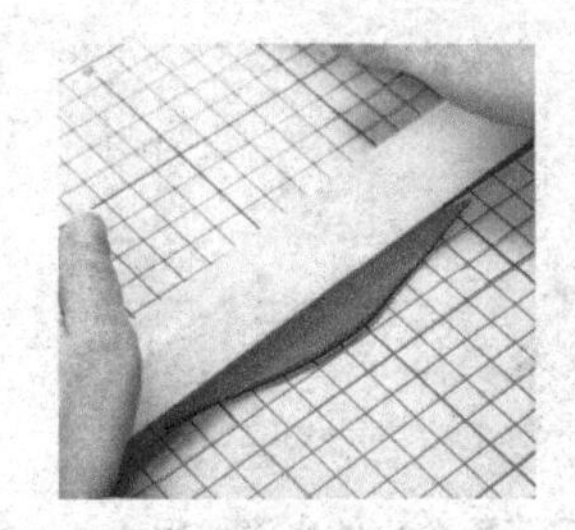

16. 用红色黏土搓一个长梭形。

17. 用擀泥杖把梭形擀成薄片作为鸭妈妈的头巾。

18. 用剪刀把头巾造型修剪规整。

19. 把头巾包在鸭妈妈的头上，再剪去头巾多余的部分。

20. 给鸭妈妈的眼睛刷上亮油，让眼睛看起来炯炯有神。

21. 在头巾上点上小白点来装饰，完成了鸭妈妈的制作。

22. 可以参考鸭妈妈的制作方法，用黄色黏土再做4只小鸭宝宝。

推荐黏土配色

5 呆萌的小考拉

小考拉戴着蓝色波点帽子，抱着月亮，舒舒服服地趴在月亮上面，准备睡觉啦。

1. 用压泥板把白色黏土圆球压扁。

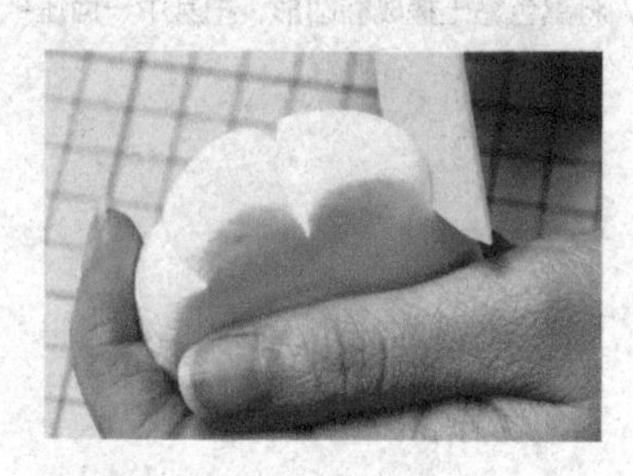

2. 用刀形工具在黏土边缘压出花边。

3. 云朵中间用丸棒压出凹槽。

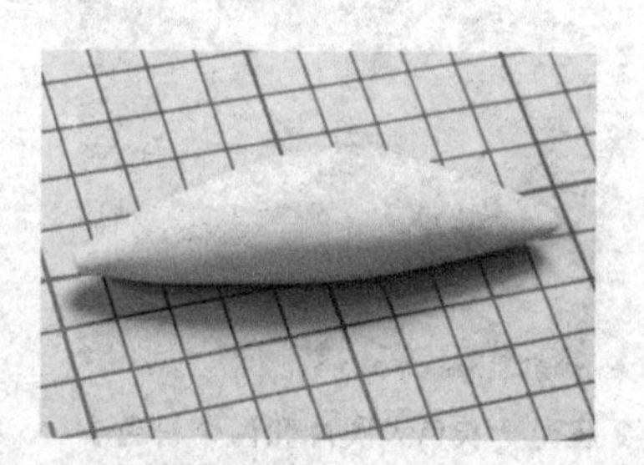

4. 搓一个黄色大梭形。

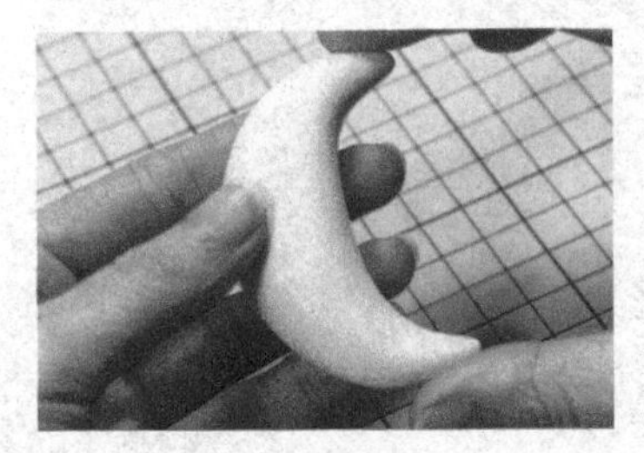

5. 把两头扳弯，并将其放在云朵上。

6. 用灰色黏土分别搓一个圆球、一个大水滴形和4个小水滴形。

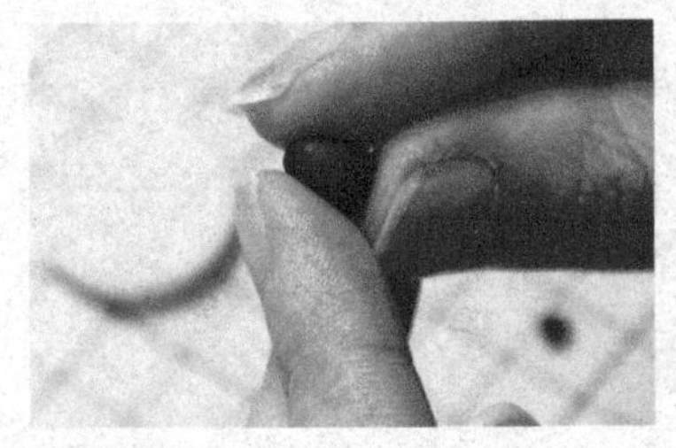

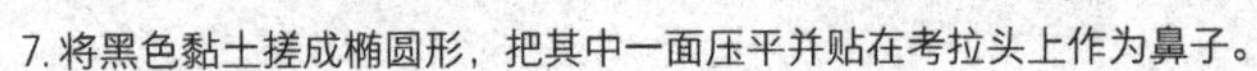

7. 将黑色黏土搓成椭圆形，把其中一面压平并贴在考拉头上作为鼻子。

8. 给考拉添加黑色眼睛和粉色腮红。

9. 压两个灰色大圆片和两个粉色小圆片。

10. 把粉色贴在灰色上，并用刀形工具压出花边造型。

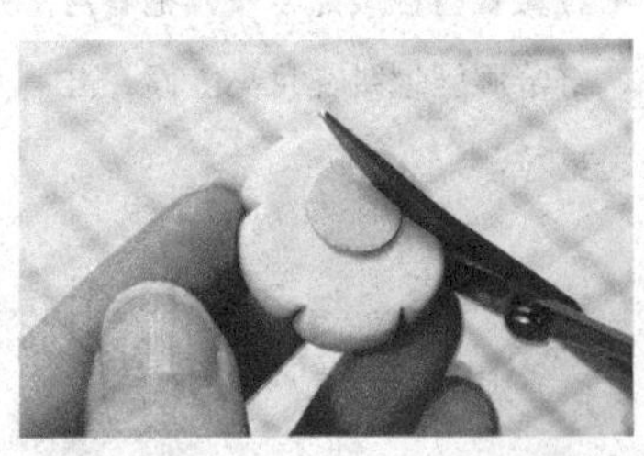

11. 把耳朵底部剪平整，并将耳朵固定在考拉头上。

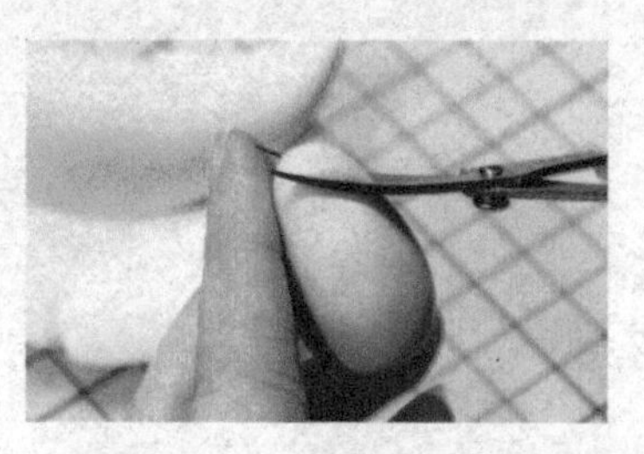

12. 拿出灰色大水滴形黏土，用剪刀在水滴形尖的一端斜剪一刀。

13. 把身体、头部和月亮接上。

14. 用与步骤12相同的方法修剪四肢，并把四肢固定在考拉身体两侧。

15. 将蓝色黏土搓成水滴形并用手压平水滴形圆的一端。

16. 在帽子中间压一刀。

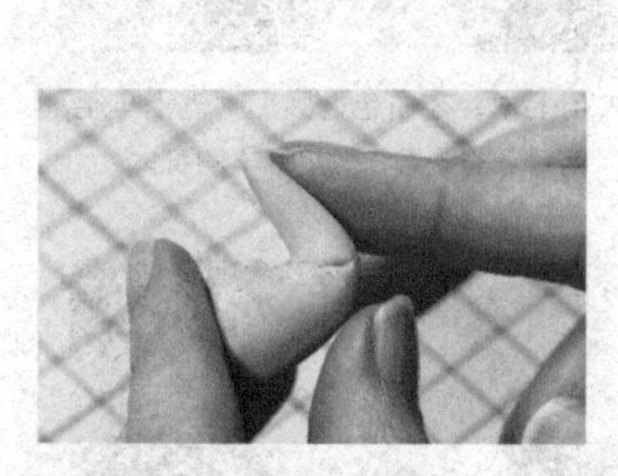

17. 弯折帽子。

18. 把帽子固定在考拉头上，再贴一个黄色小球，最后点上白色圆点装饰。记得给考拉的眼睛和鼻子刷一层亮油，完成制作。

推荐黏土配色 

6 软萌的绵羊

绵羊的头短，身体丰满，毛色为白色，且毛发绵密。公羊有螺旋状的大角，母羊没有角或仅有细小的角。

1. 用七本针在白色椭圆形上戳出羊毛毛茸茸的效果，做出绵羊的身体。

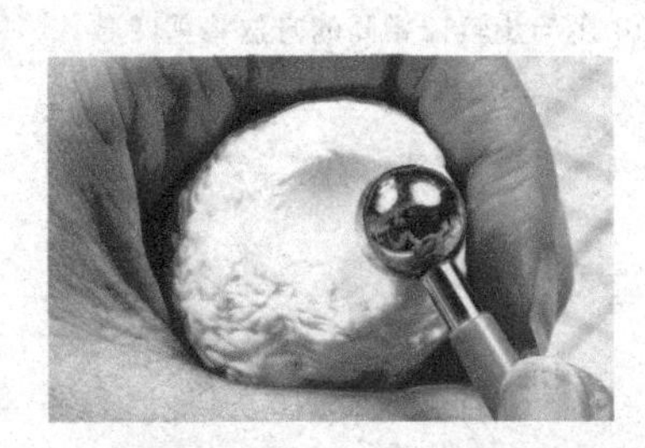

2. 在身体部件上确定绵羊的头部位置后，用丸棒按压出坑。

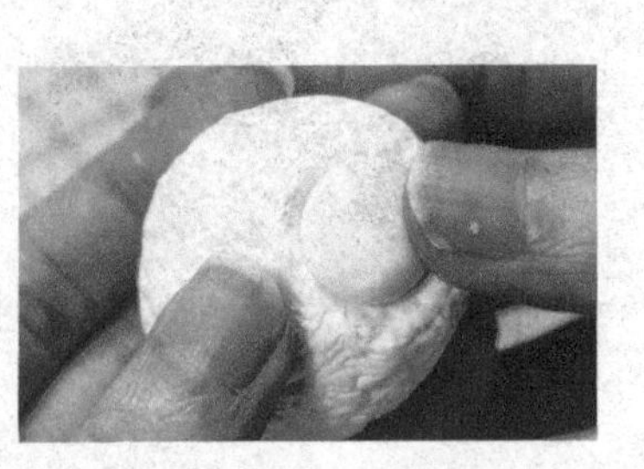

3. 在坑里填上肤色黏土作为面部。

4. 在面部周围粘一圈白色黏土长条。

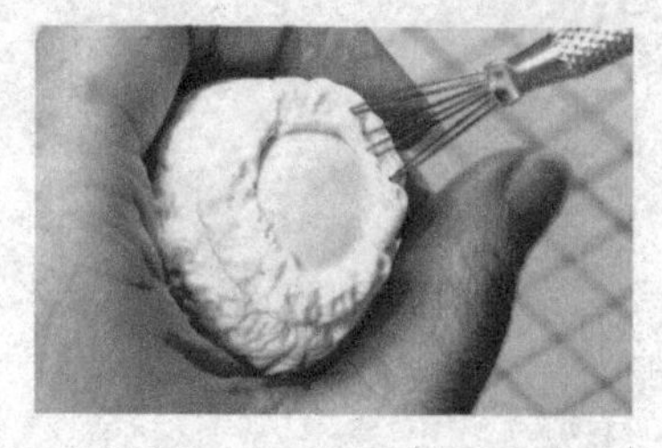

5. 用七本针在长条上戳出羊毛效果。

6. 搓两块肤色小水滴形黏土，用压泥板压扁，将其贴在头上作为小耳朵。

7. 用深棕色黏土搓两个细长水滴形。

8. 用刀形工具在细长水滴形上压出羊角上的纹路。

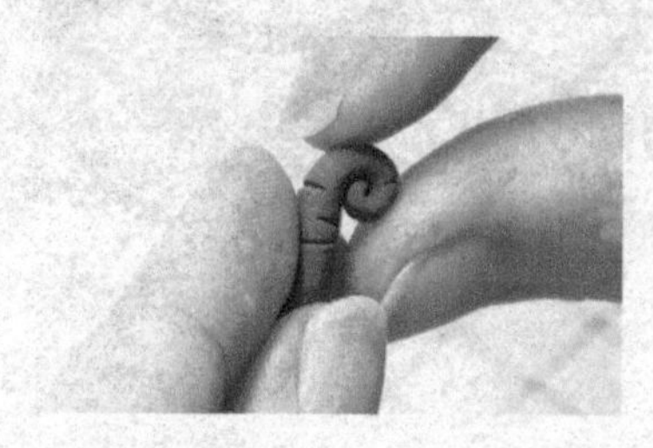

9. 卷起来。

10. 把羊角贴在头上，在耳朵上方。

11. 用点花笔压出眼窝。

12. 贴上眼珠后，画上嘴巴和腮红。

13. 用肤色黏土搓4个圆柱形，作为小羊的腿。

14. 在身体底面两侧用小丸棒压出小洞。

15. 固定好小羊的腿。

16. 给眼睛刷上亮油，完成制作。

推荐黏土配色

7 超可爱的小海豹

海豹是海洋动物，它们的身体呈流线型，头部圆圆的，嘴唇处有胡须。本案例中的是一只粉色的海豹，它踩在抱枕上，顶着皮球玩耍。

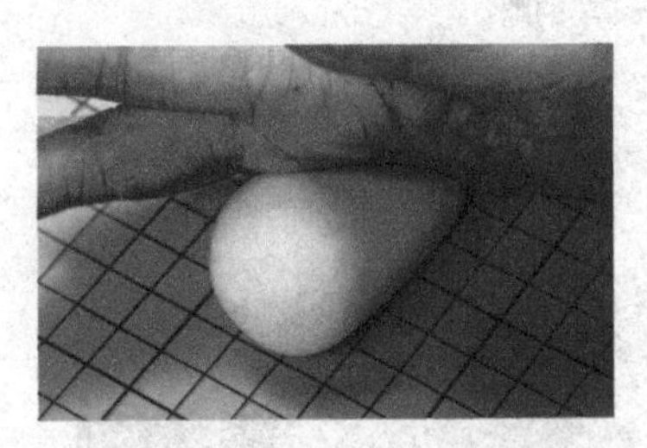

1. 用手掌把浅粉色黏土圆球搓成水滴形作为海豹的身体，圆的一端是头部，尖的一端是尾巴。

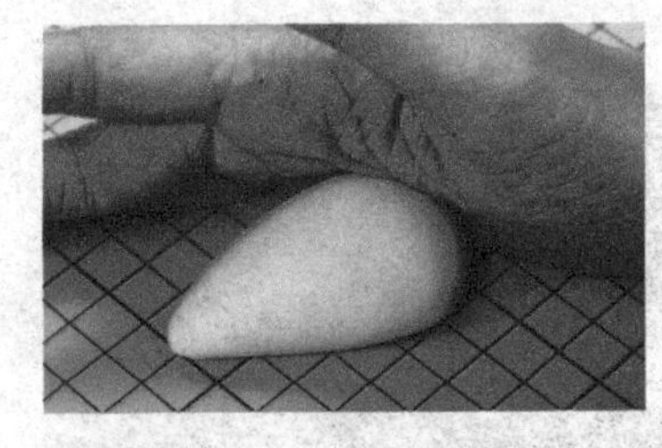

2. 用手掌轻轻按压圆的一端。

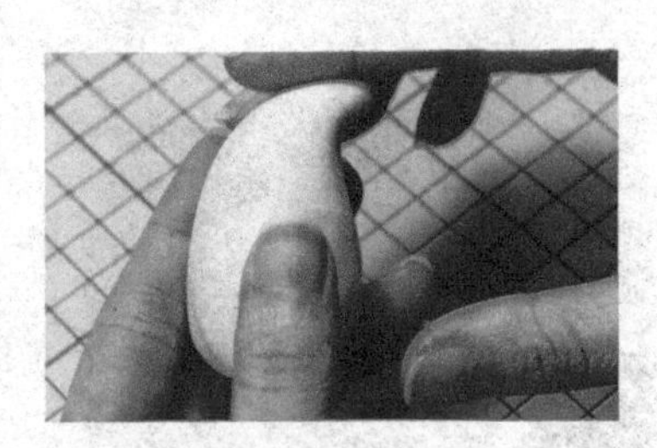

3. 用手指把尾巴扳弯。

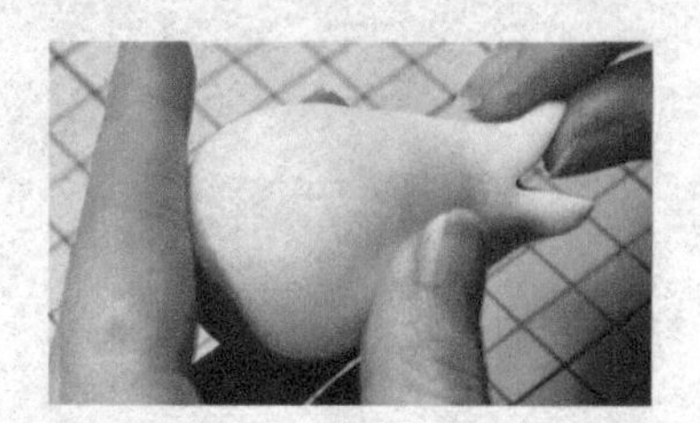

4. 用剪刀剪开尾部并将剪痕抹平滑。

5. 给小海豹加上黑色眼珠、白色鼻子和粉色腮红。

6. 用点花笔戳出嘴巴。

7. 在嘴洞里塞上红色黏土后继续用点花笔按压。

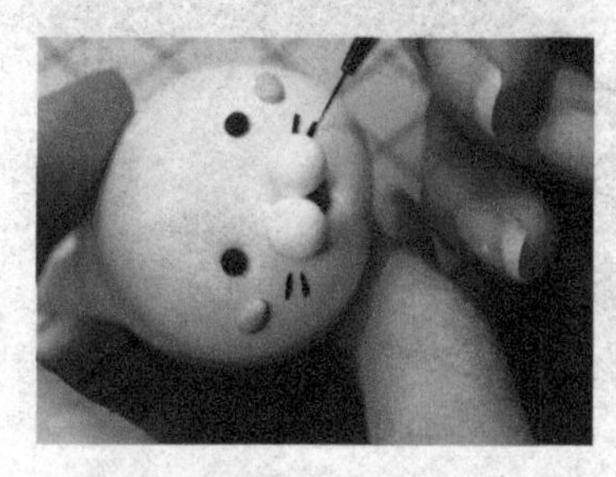

8. 用勾线笔蘸取黑色丙烯颜料，画上胡子。

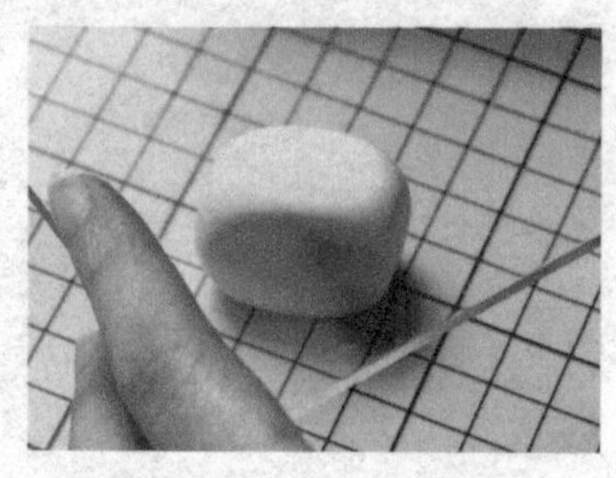

9. 取浅蓝色黏土用压泥板压出方形。

10. 把方形的4个角都捏尖。

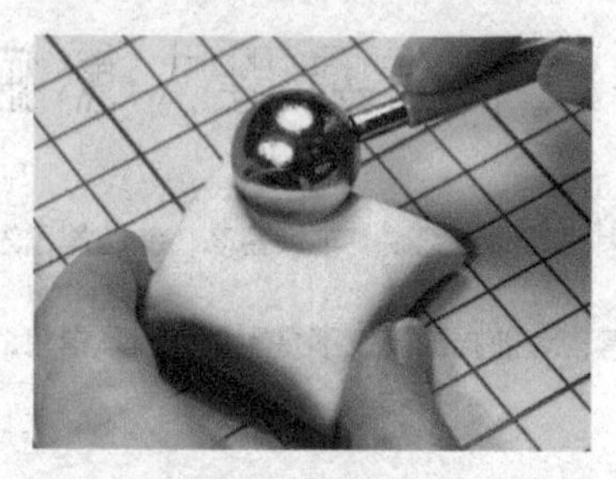

11. 用丸棒在抱枕适当的位置压出一个坑用来固定海豹。

12. 用浅粉色黏土搓成两个小水滴形，做成海豹的前肢。

13. 在浅黄色黏土圆球上用刀形工具压出纹理，做出一个皮球。

14. 把海豹先固定在抱枕上，再加上前肢和头顶的皮球，完成制作。

推荐黏土配色 

8 软绵绵的大熊猫

大熊猫体型肥硕、丰腴富态，头圆尾巴短，头部和身体的颜色黑白分明，它的食物主要是竹子。注意，大熊猫的尾巴不是黑色，而是白色的哦。

1. 将白色黏土搓成圆球作为熊猫的头。

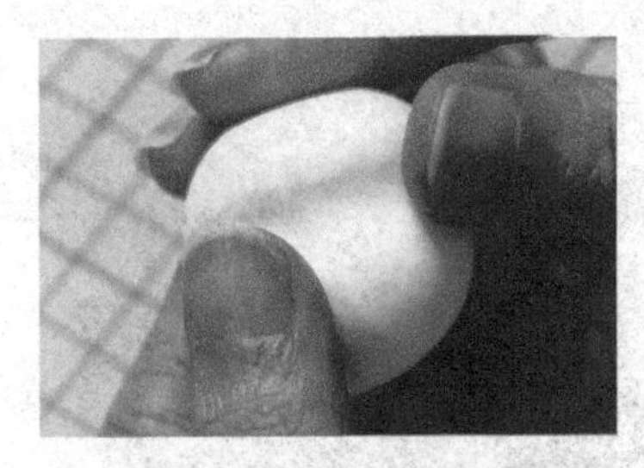

2. 用点花笔的笔杆在脸部三分之一处压出眼窝。用手指将压痕抹平滑。

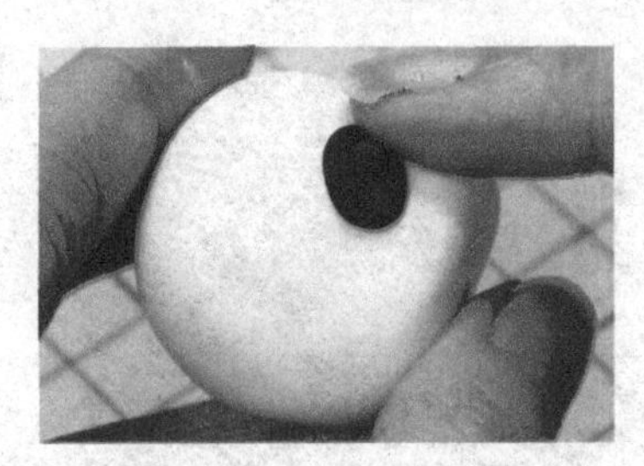

3. 准备两个黑色椭圆片贴在熊猫眼窝处作为黑眼圈，随后贴上黑色眼珠。

4. 取黑色黏土捏出三角形，并将三角形贴在鼻子位置处作为鼻子。

5. 压出圆片并剪去三分之一，将其贴在耳朵处。

6. 将白色黏土搓成水滴形，用压泥板压出一个平面。

7. 制作一个黑色黏土圆片，将其与身体粘在一起，注意黑色圆片的大小。

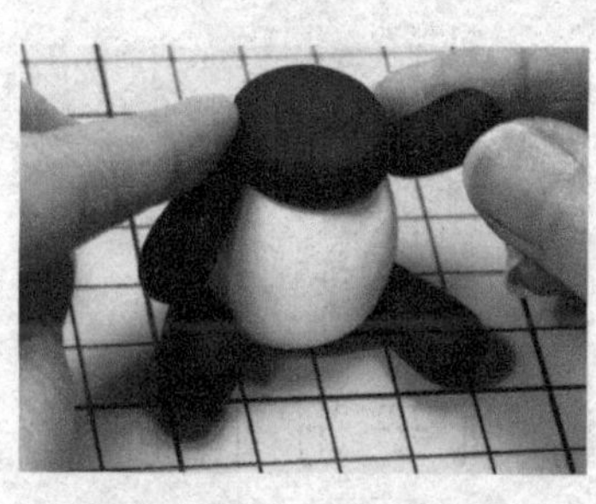

8. 用黑色黏土搓出4个水滴形，用来做熊猫的四肢。把四肢固定在熊猫身体上。

9. 用牙签把身体和头接上。

10. 粘上一颗白色小球作尾巴。

11. 给熊猫加上腮红，给眼珠刷上亮油，再参考第2章“竹子”的做法，让熊猫拿着竹子，完成制作。

推荐黏土配色

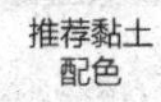

9 玩耍的小猪

猪的身体肥壮，四肢短小，鼻子和耳朵较大。小猪的性格比较温驯，肤色有黑色、白色、粉色（幼年期偏粉色，成年后白色较为显著）等。

本案例中捏制了一个幼年期的粉色小猪，它戴着红色围巾，坐在白色抱枕上玩耍。

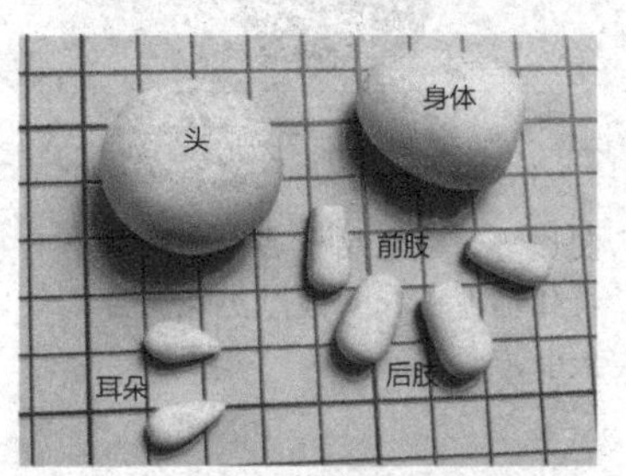

1. 用粉色黏土分别做出小猪的圆球头、水滴形身体、水滴形耳朵和圆柱形四肢等身体部件的基础形状。

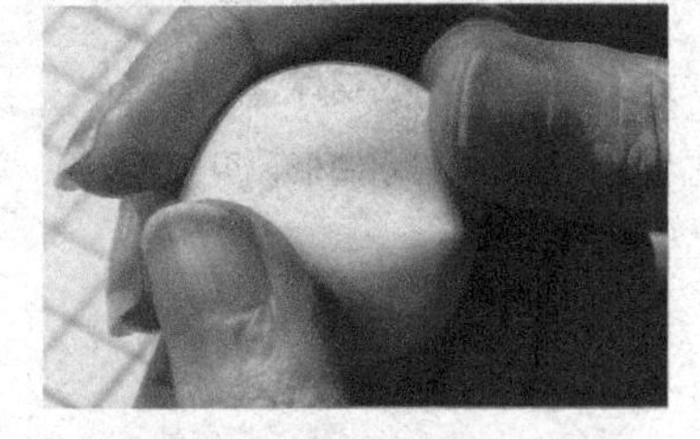

2. 用圆柱形的笔杆在圆球三分之一处按压出眼窝。用手指调整压痕，做出小猪的脸型。

3. 用点花笔戳出眼孔后加上黑色眼珠，并贴上深粉色椭圆黏土片作鼻子。

4. 用棒针工具戳出小猪鼻孔和嘴巴，再在嘴巴里塞一小块红色黏土作舌头。

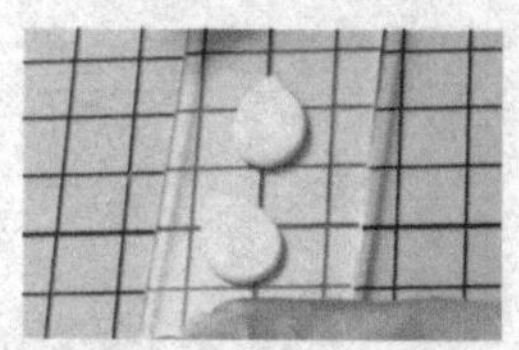

5. 把两块小水滴形黏土用压泥板压扁，贴在头上作为耳朵。用勾线笔蘸取红色丙烯颜料画出腮红。

6. 用剪刀将大号圆柱形黏土斜剪去多余的部分，并将其贴在身体上，做出小猪坐着的动态姿势。

7. 用牙签把身体和头部组合起来。

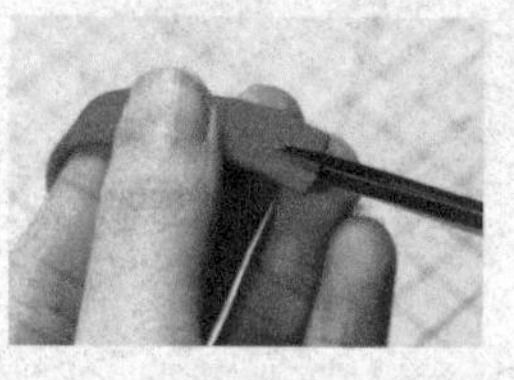

8. 将红色黏土搓成长条并将其用压泥板压扁。用剪刀把长条两端剪成流苏状，做成围巾。

9. 把围巾围在小猪脖子上。

10. 将小号圆柱形黏土的圆的一端压扁。贴上一个棕色圆球，并将其剪开，做成小猪前肢上的蹄子。

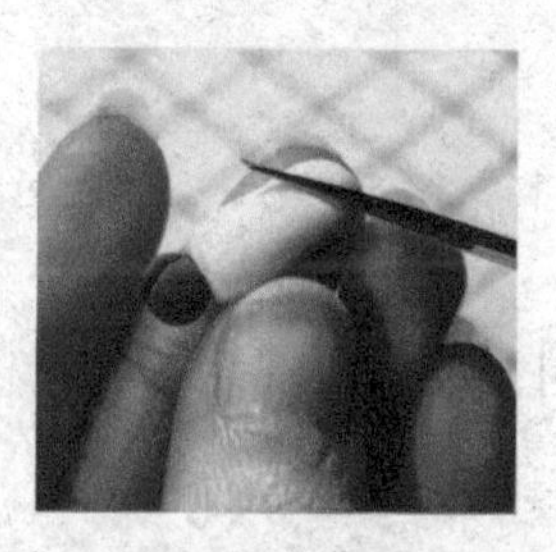

11. 斜剪小猪前肢的根部，将前肢粘在身体上，完成小猪整体造型的制作。

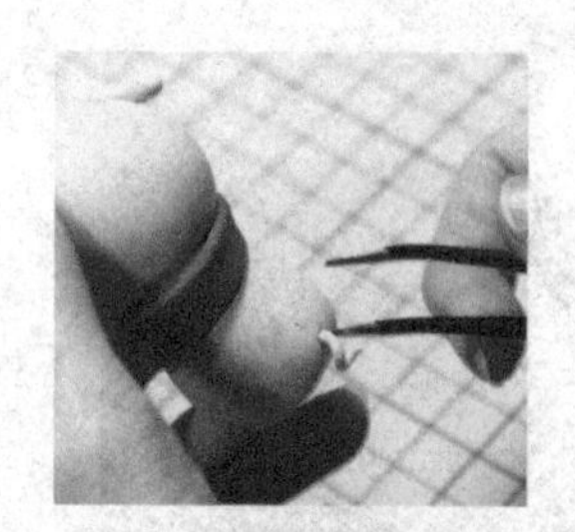

12. 给小猪贴上尾巴。

13. 用白色黏土捏出一块正方形抱枕。

14. 用七本针刮出抱枕上的布料效果。用大号丸棒在抱枕适当的位置压出坑。

15. 给小猪的眼睛刷上亮油，把小猪放在抱枕上，完成制作。

推荐黏土配色

10 玩毛线团的猫咪

猫咪的头型较圆，眼睛大而圆，耳朵小且尖，呈三角形，尾巴细长。

猫咪身体小巧，长得很可爱，性格温顺，也很爱干净，是家里常见的宠物。

1. 用点花笔的笔杆在白色黏土圆球的三分之一处压出猫咪脸上的眼窝，随后用手指调整压痕，捏出猫咪的脸颊。

2. 用点花笔压出两个小洞后贴上蓝色眼珠，再加上粉色圆球作鼻子。

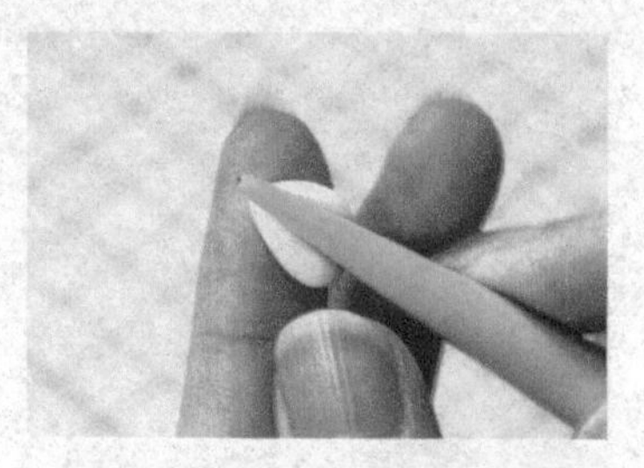

3. 将白色黏土水滴形用棒针按压擀开，做成猫咪耳朵的形状。

4. 贴好猫咪耳朵。

5. 取白色黏土揉一个椭圆形。

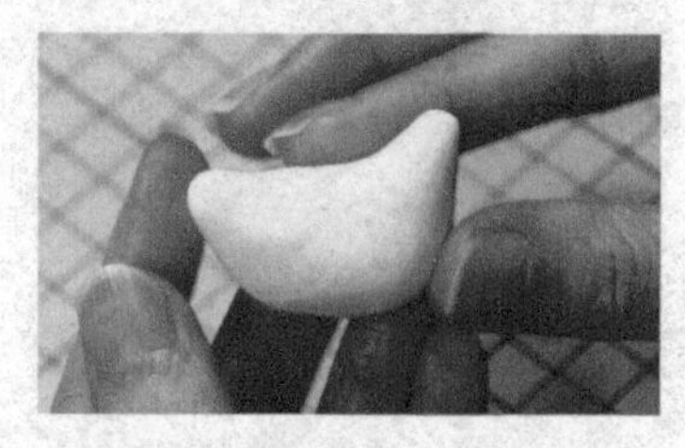

6. 把椭圆形黏土捏出猫咪的四肢，用手指反复调整做成猫咪抱着球躺在地上的动态。

7. 用刀形工具在一个粉色黏土圆球上压出线团交错的纹理。

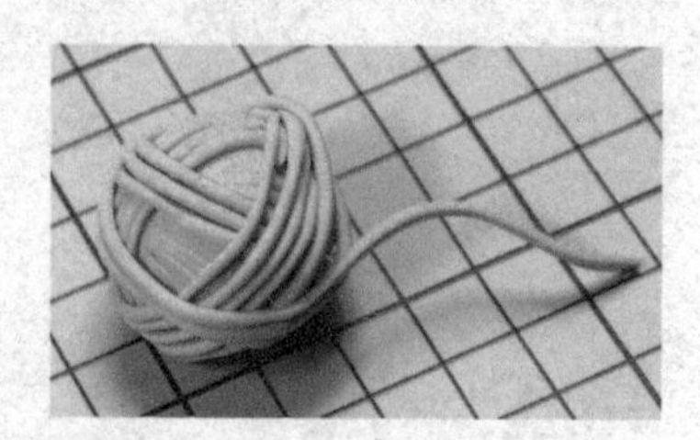

8. 把粉色黏土细长条缠绕在圆球上，做成线团。

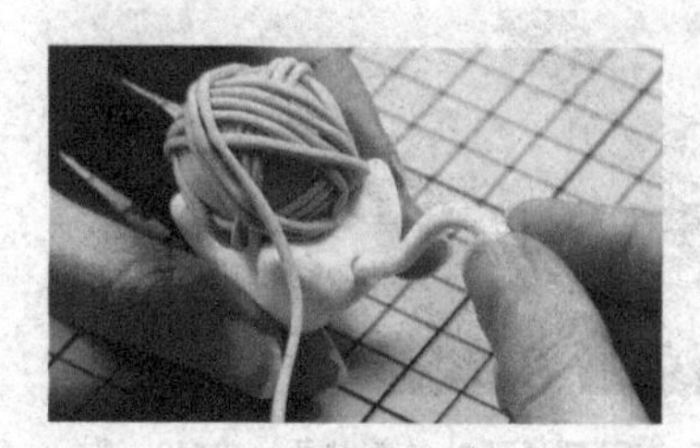

9. 把线团放猫咪肚子上后再加上猫尾巴。

10. 用牙签把猫咪头部固定在身体上。

11. 给猫咪画上小胡须，在耳朵里扫上橘色色粉，加上腮红，完成制作。

推荐黏土配色

11 卖萌的小老虎

老虎属于猫科动物，头圆耳朵小，有长长的尾巴，身上布满了黑色条纹，额头处有个“王”字形的图案。成年老虎体型大，凶悍健壮；而幼年的小老虎看起来很温顺可爱，自带萌感，时时刻刻都可以萌化你的心。

1. 用点花笔的笔杆在橘色黏土圆球的三分之一处压出小老虎脸上的眼窝，随后用手指调整压痕，捏出小老虎肉嘟嘟的脸颊。

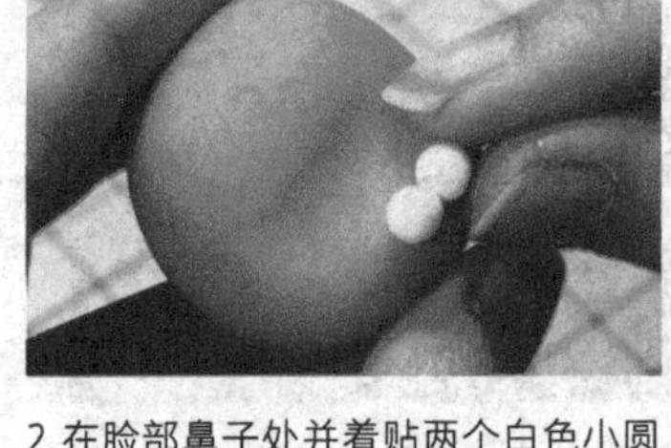

2. 在脸部鼻子处并着贴两个白色小圆球作为老虎鼻子。

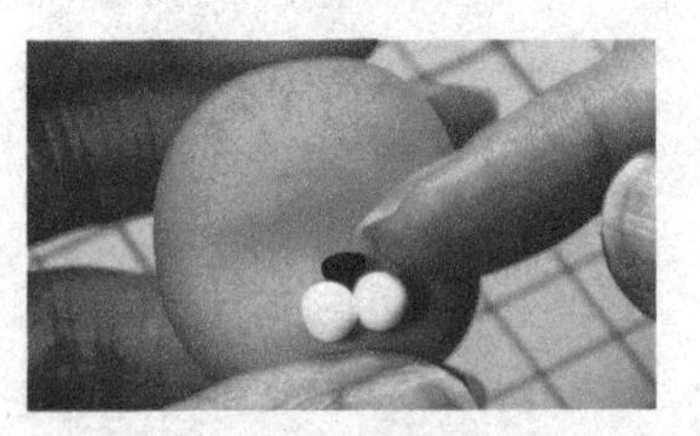

3. 用三根手指一起将黑色黏土捏出黑色鼻子。把鼻子固定到两个白色圆球上方。

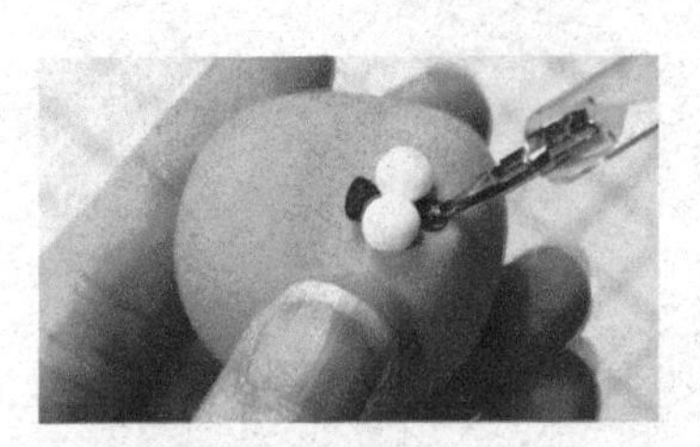

4. 在白色圆球下方用点花笔戳出嘴巴。在嘴巴里放入红色黏土并再次按压，做出嘴巴内肉肉的效果。

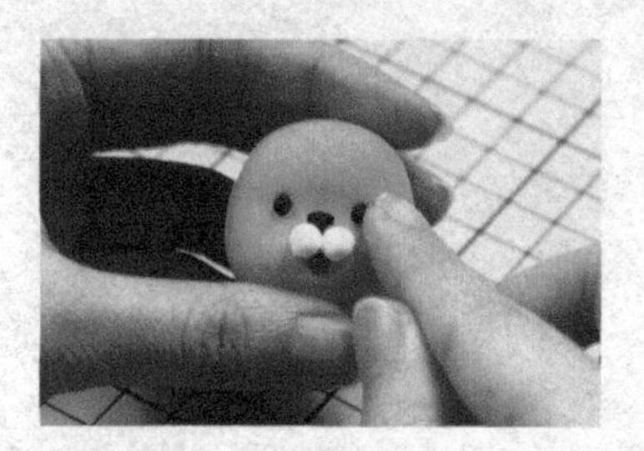

5. 给小老虎加上黑色眼珠。

6. 在两个橘色黏土圆片底端各放一个粉色小圆球。用压泥板压扁，做出耳朵。

7. 修剪耳朵底端，将其贴在头上，在脸上加上粉色腮红。

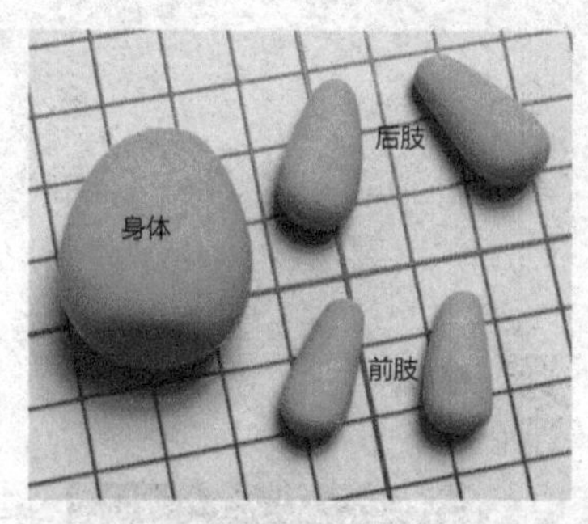

8. 用橘色黏土搓一个大水滴形作为身体，两个中水滴形作为后肢，两个小水滴形作为前肢。

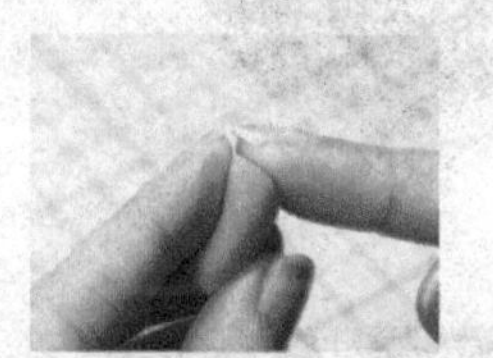

9. 把中水滴形和小水滴形圆的一端压平。

10. 将头部、四肢和身体组合起来。记得在手掌上贴上粉色肉垫。

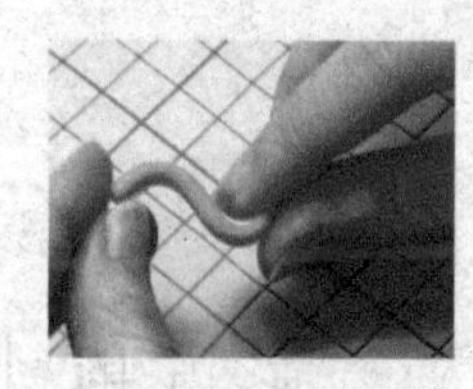

11. 弯曲橘色黏土长条作为小老虎的尾巴。

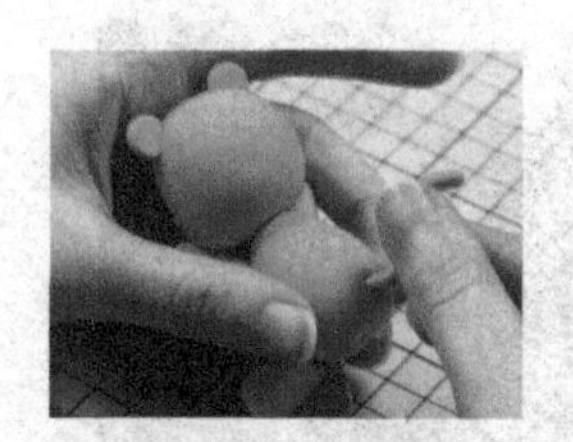

12. 把小尾巴接在身体上。

13. 在小老虎腹部贴上白色椭圆形黏土片作为肚皮。

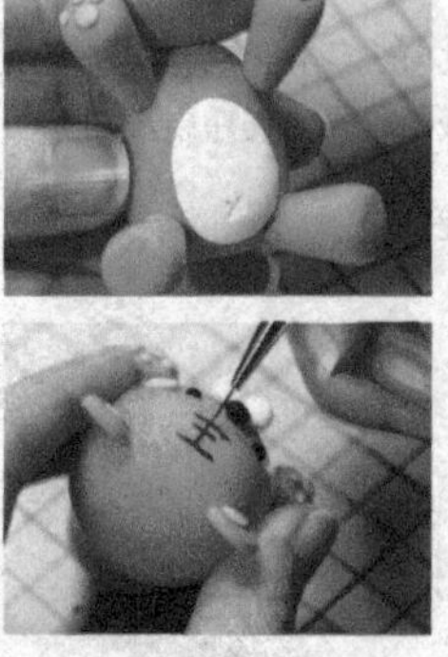

14. 压出肚脐眼，再用勾线笔蘸取黑色丙烯颜料给小老虎全身画满花纹，完成制作。

推荐黏土配色

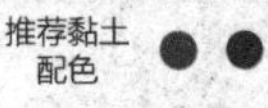

12 乖巧的小松鼠

松鼠是典型的树栖小动物，其体形偏小，身体细长，耳朵较长，尾巴又大又蓬松。眼大而明亮，乌黑的眼睛看起来特别有神。松鼠主要以橡果、栗子、胡桃等坚果为食，本案例中的小松鼠抱着橡果，坐在树桩上，真是乖巧极了。

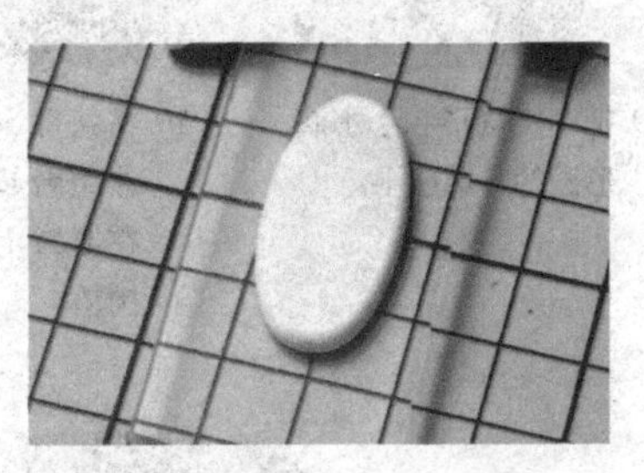

1. 将肤色黏土搓成椭圆形，并用压泥板压扁。

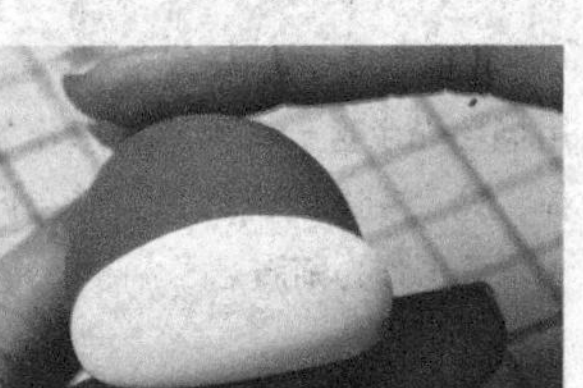

2. 把薄片贴在浅褐色黏土圆球上，调整松鼠的脸部。

3. 在脸部上方中间位置处用丸棒压出凹槽。

4. 用白色黏土做一个半球，并将其贴在凹槽上作为松鼠鼻子。

5. 用点花笔压出眼窝后加上黑色眼珠和黑色鼻头。

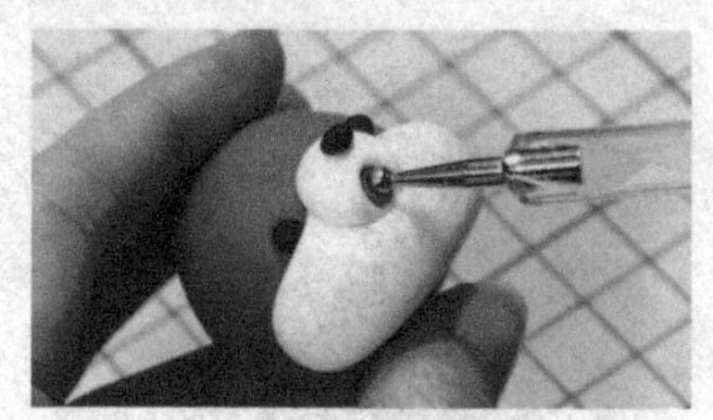

6. 做出嘴巴，装上白色门牙。

7. 搓两个浅褐色大水滴形和两个粉色小水滴形。

8. 在大号水滴形上贴一片白色水滴形薄片作为松鼠的肚子。

9. 用棒针工具依次把水滴形擀开并组合在一起，做出松鼠耳朵。

10. 修剪耳朵底部后将其贴在松鼠头上。

11. 用七本针在浅咖色黏土圆柱形上刮出树皮纹理。

12. 在树桩顶面贴上浅黄色圆形黏土片后画上年轮。

13. 用浅褐色黏土搓出不同形态的水滴形作为松鼠的躯干。其中用大号水滴形做身体，用中号水滴形做后肢，用小号水滴形做前肢。

14. 将松鼠身体固定在树桩上，用牙签固定头部与身体。把四肢固定在身体上。

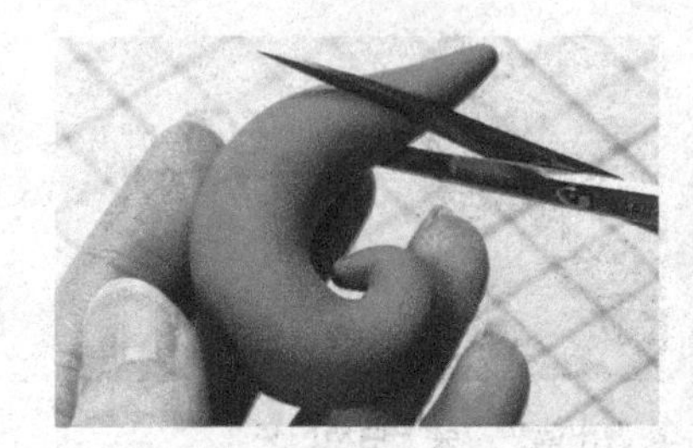

15. 把浅褐色黏土搓成梭形，卷出松鼠尾巴并将其修剪后固定在身体上。

16. 准备棕色圆球和浅棕色水滴形，做橡果。

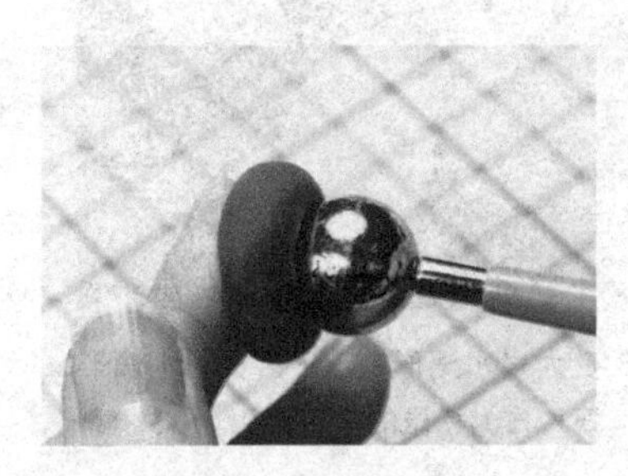

17. 用丸棒将棕色圆球压一个坑作为橡果上的盖。

18. 用七本针刮出橡果盖上的纹理。

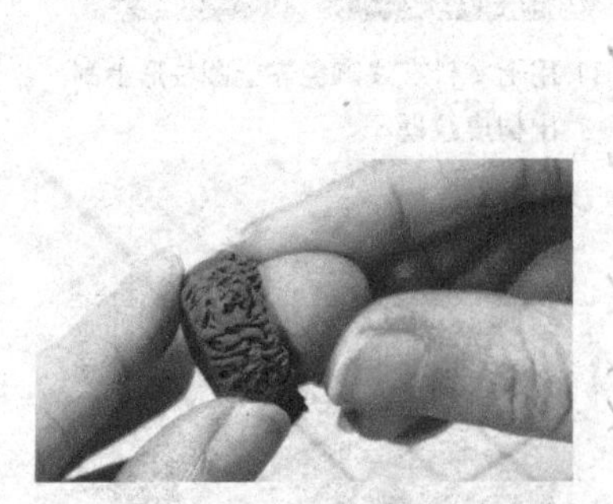

19. 将橡果盖与浅棕色水滴形组合成完整的橡果，将其放在松鼠怀里，完成制作。

推荐黏土配色

13 贪吃的小老鼠

老鼠的体型较小，有长长的尾巴。它是一种啮齿动物，门齿发达。老鼠的食物种类很杂，它爱吃的东西也很多，酸甜苦辣，它都吃。这不，一只黄色的小老鼠就坐在南瓜上，手里拿着一个小南瓜吃得津津有味。

1. 用压泥板把橘色黏土圆球稍微压扁。

2. 用刀形工具压出南瓜纹理。

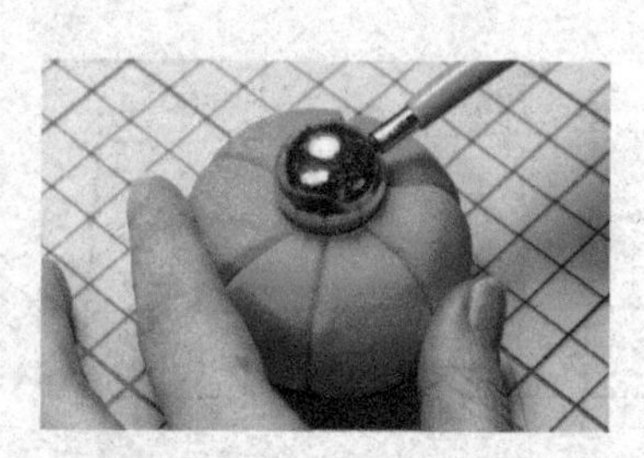

3. 用丸棒把南瓜顶部压出凹槽。

4. 用点花笔笔杆在浅黄色水滴形黏土中间压出凹痕。

5. 用手指调整腿的形状和身体姿态。

6. 用笔杆在浅黄色黏土圆球的三分之一处压出小老鼠脸上的眼窝，并用手指调整脸颊形状。

7. 加上黑色眼睛、白色鼻子和粉色鼻头。

8. 用红色黏土做出嘴巴。

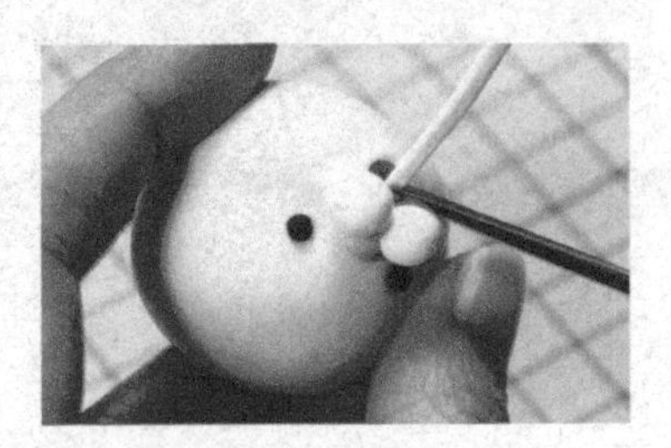

9. 加上白色牙齿。

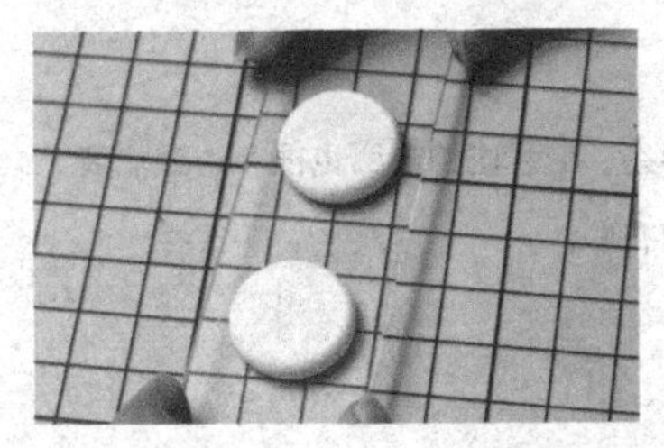

10. 用压泥板压出两个浅黄色黏土圆片作为耳朵。

11. 用丸棒压出耳窝。

12. 剪齐耳朵底部后将耳朵固定在小老鼠的头上。

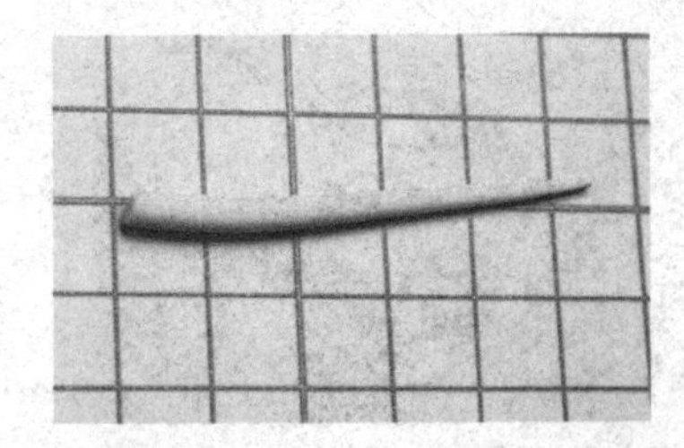

13. 将粉色黏土搓成细长条作为老鼠尾巴。

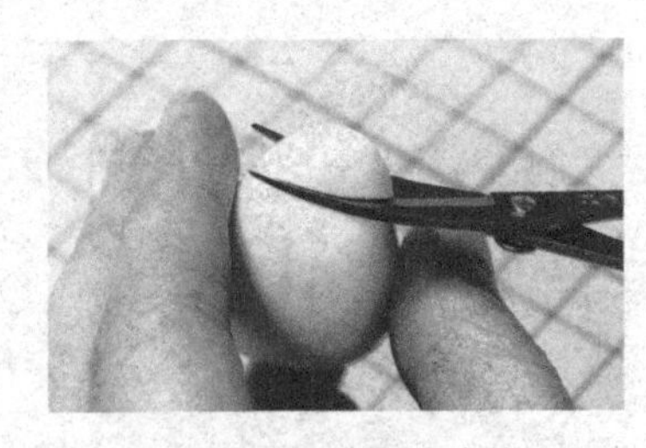

14. 用剪刀剪去身体部件多余的部分。

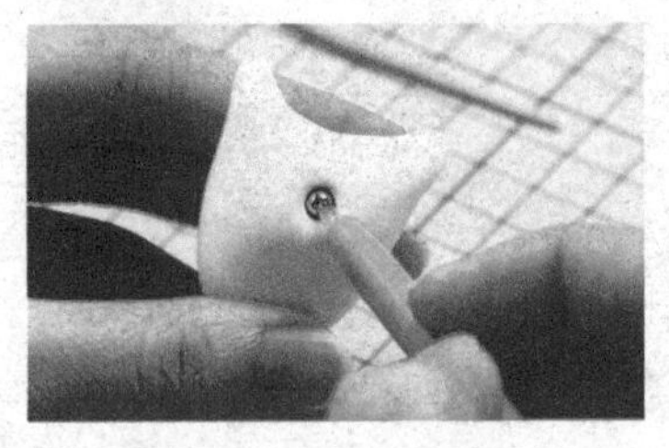

15. 用点花笔在屁股上压一个洞。

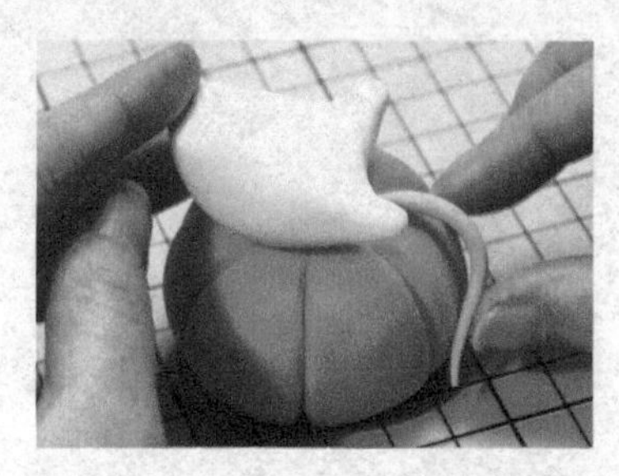

16. 把加上了尾巴的老鼠身体固定在南瓜上。

17. 用牙签将头部和身体组合起来。

18. 装上两个浅黄色小水滴形作为小老鼠的前肢。

19. 做一个小南瓜。

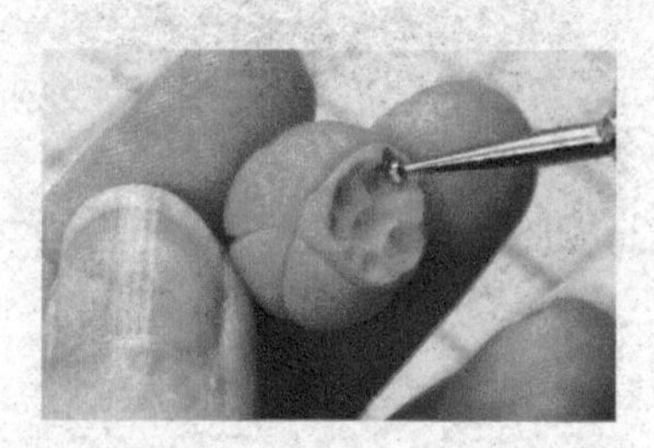

20. 在南瓜上用点花笔压出被啃过的痕迹。

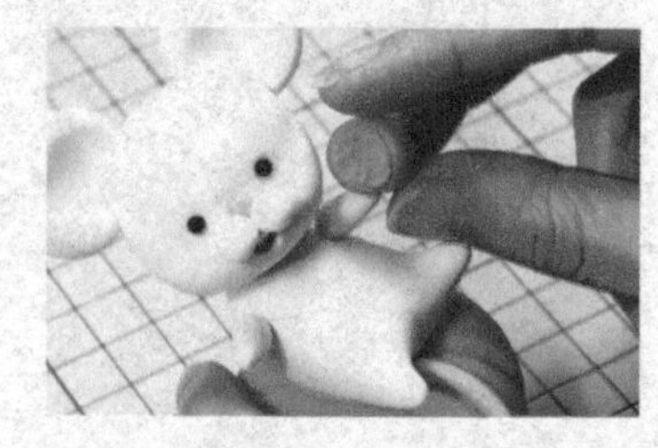

21. 把小南瓜固定在小老鼠手中。

22. 给小老鼠形象刷上橘色色粉进行美化，完成制作。

推荐黏土配色

14 甜心小熊

熊的体型很大，头大嘴大，且四肢粗壮有力。但它的眼睛小，尾巴也是短小的。熊平时用脚掌慢吞吞地行走，后腿可以直立起来，在动物园我们经常能看到棕熊和黑熊，它们呆萌又可爱。那就用棕色黏土捏一只甜心小熊当礼物，送给你想送的人吧!

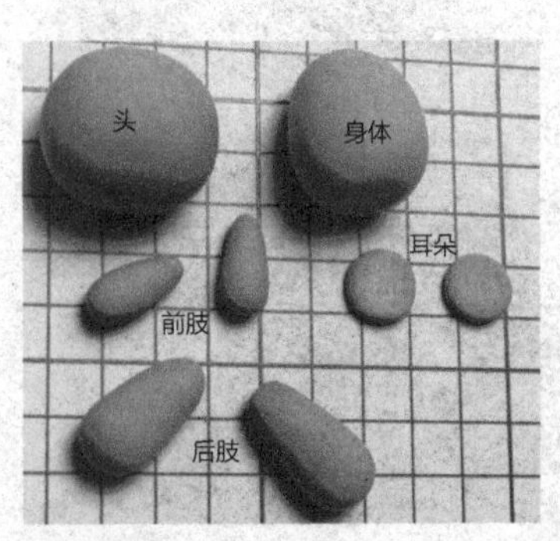

1. 取浅棕色黏土准备好制作小熊所需要的黏土基础形。

2. 把后肢圆的一端用手压平后将后肢剪到合适长度。

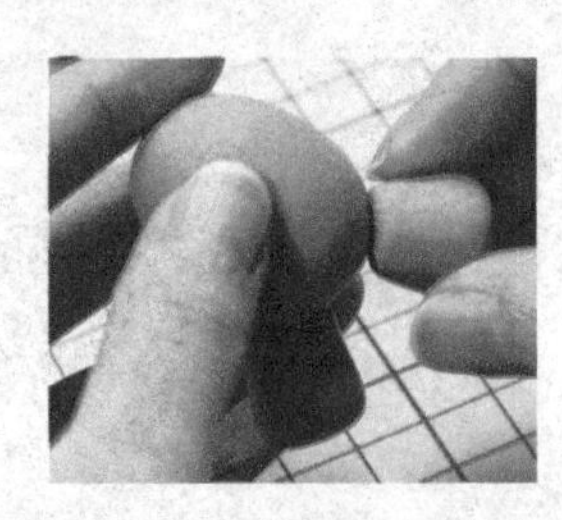

3. 把后肢固定在小熊身体上。

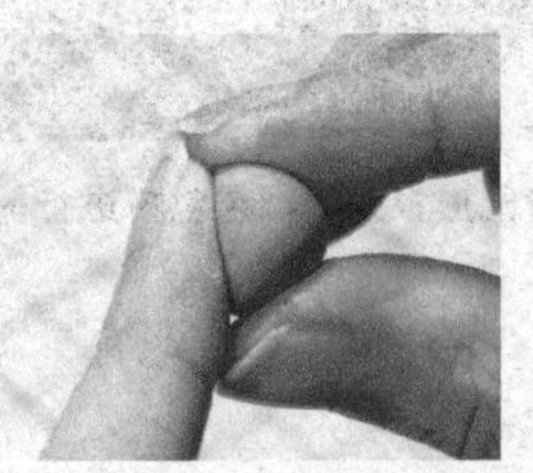

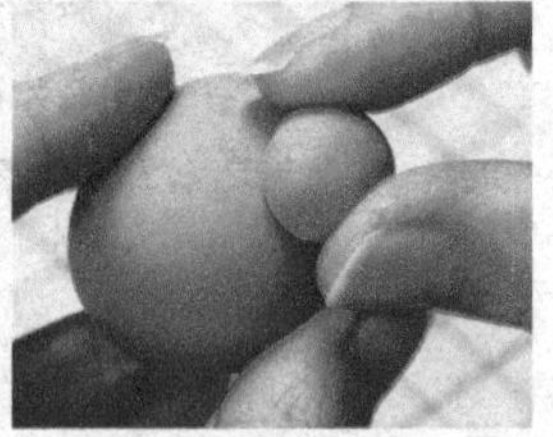

4. 取浅棕色黏土捏一个半球形，并固定到圆球上作鼻子。

5. 用点花笔压出眼窝。加上黑色眼珠和三角形的鼻头。

6. 用黑色黏土细长条做出嘴巴造型。

7. 拿出做耳朵的圆片，用刀形工具压出耳朵形状。

8. 把耳朵底端修剪齐整。在耳朵中间贴上粉色小心心后，将耳朵粘在小熊头上。

9. 用铁丝把身体和头部连接组合起来。

10. 贴上小熊的前肢。

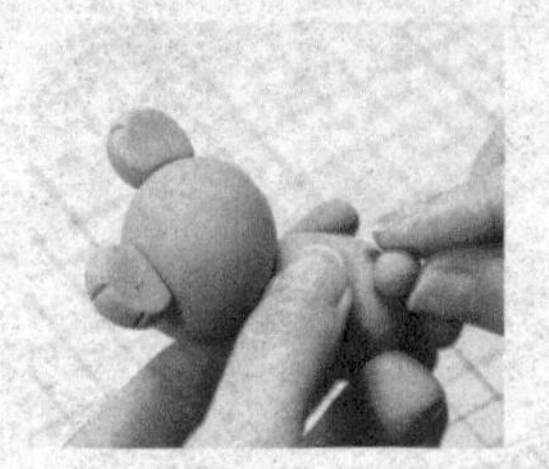

11. 加上尾巴。

12. 在小熊腹部上贴白色圆片作为肚子。用刀形工具压出肚脐。

13. 给小熊贴上粉色腮红。用两个紫色桃心和一个紫色小圆球做成蝴蝶结，点上黄色小点，粘在小熊身上。

14. 给眼珠和鼻子刷上亮油。

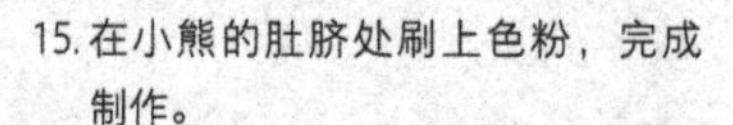

15. 在小熊的肚脐处刷上色粉，完成制作。

Chapter 4

第4章

一起来变身美食达人

中国地大物博，美食也丰富多元，高兴的时候吃一口，不高兴的时候也吃一口，可见，享受美食是人生的一大快事，我们一起来做一顿美食，治愈心灵吧！

1 清爽的草莓

草莓果实呈尖卵形，颜色是鲜红色，果子顶部有绿色萼片，果皮表面有许多小坑。草莓营养价值丰富，含有丰富的维生素，被称为“水果皇后”。

推荐黏土配色

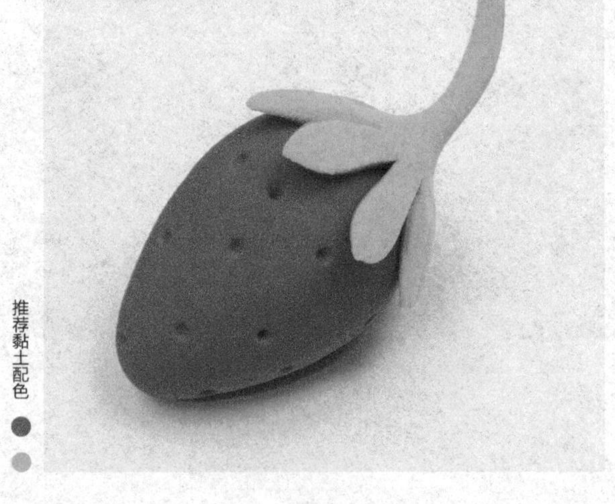

1. 把红色黏土搓成水滴形。

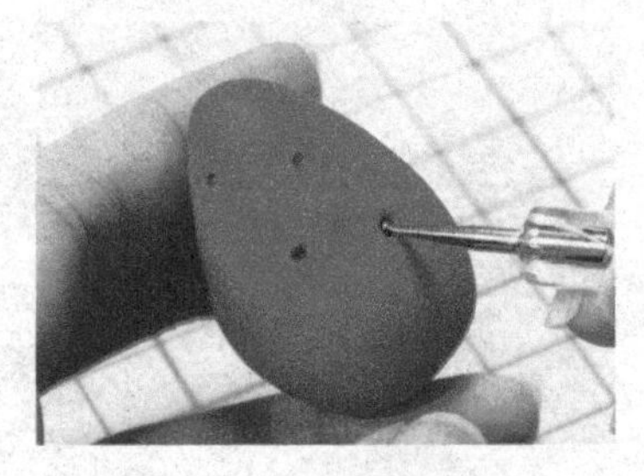

2. 用点花笔在黏土上戳出草莓种子。

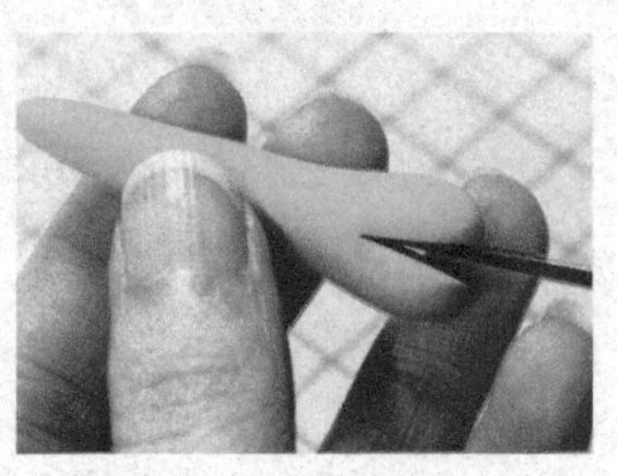

3. 用剪刀把用绿色黏土搓成长的水滴形，将长水滴形圆的一端剪成8份。

4. 用棒针工具压出萼片。

5. 捏住萼片根部用手指来回转圈，搓细。

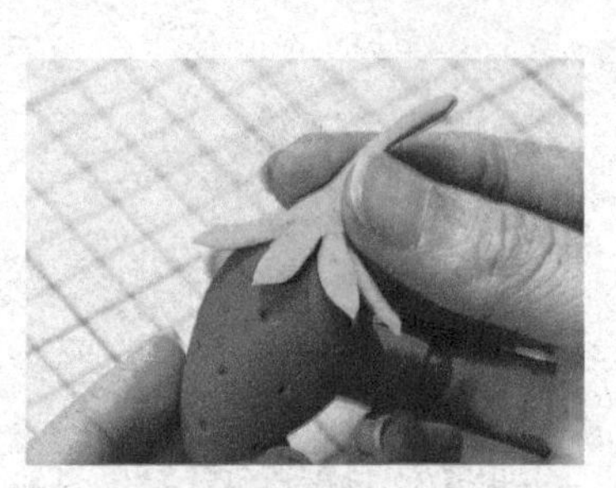

6. 剪下需要的长度，把萼片贴在草莓上，完成制作。

2 粉嫩的桃子

桃子的表皮呈粉红色，形状类似心形，桃子上端还有一个小尖尖；果皮表面光滑，有微小的白色绒毛。

推荐黏土配色

7. 把桃子放在叶子上，完成制作。

1. 制作两片绿叶，贴一起。

2. 用手掌把粉色黏土搓成水滴形。

3. 用刀形工具压出桃子上的凹痕，记得用手把凹痕抹圆滑。

4. 在桃子尖部刷红色色粉，表现出桃子的渐变颜色。

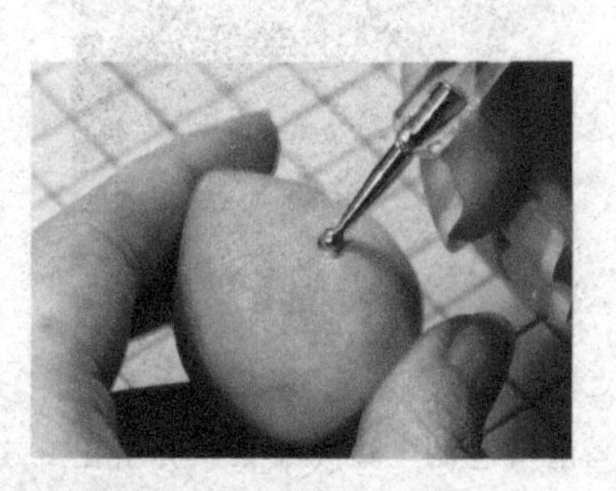

5. 在桃子上用点花笔压出眼窝。

6. 贴上黑眼珠和腮红。

3 害羞的苹果

一般在栽种后，苹果树要等两三年才会开始结果。果实有红苹果、青苹果等，富含矿物质和维生素，为人们最常食用的水果之一。

推荐黏土配色

1. 取棕色黏土搓成小长条，用绿色黏土做一片叶子。

2. 用大号丸棒在红色黏土圆球上压出苹果顶部的窝，用手指将压痕抹圆滑。

3. 把苹果蒂和叶子贴上。

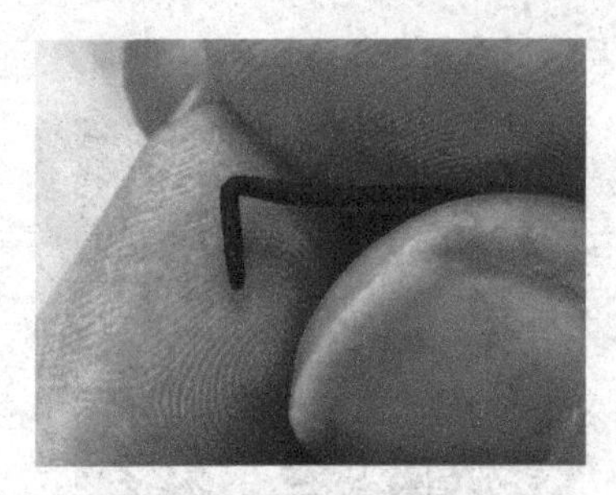

4. 用黑色黏土搓成细长条并折出尖角。

5. 把折出尖角的细条贴在苹果上作眼睛，再加上可爱的粉色腮红，完成制作。

4 酥脆的饼干

饼干以用农作物磨成的粉为主要原料，再添加糖、油脂或其他原料，经调粉、成型、烘烤(或煎烤)等工艺制成的食品。

推荐黏土配色

1. 准备两个棕色和一个白色黏土圆球。

2. 把两个棕色圆球用压泥板压扁。

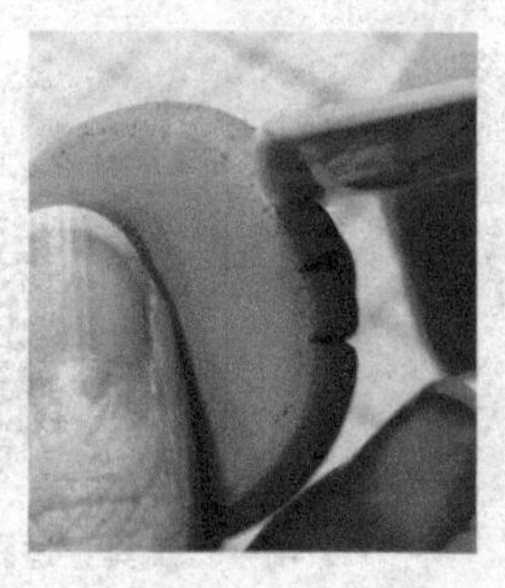

3. 用刀形工具把饼干边缘切出花边。

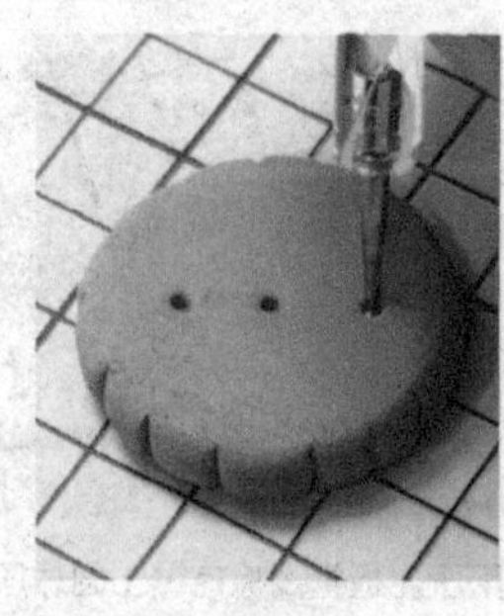

4. 用点花笔压出饼干上的小孔。

5. 将白色黏土圆球用压泥板斜着压扁，做成一端薄一端厚的黏土片。

6. 将3片黏土摞在一起，白色的放中间。在饼干边缘扫上红色色粉，给夹心饼干添加烘烤后的色彩效果。

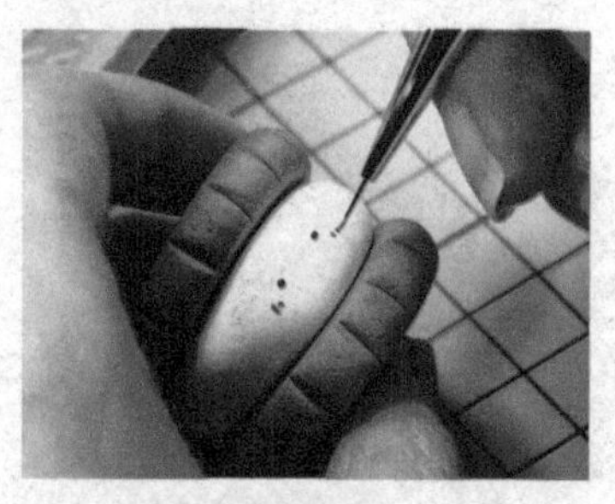

7. 用勾线笔蘸取丙烯颜料在饼干上画上表情即可，完成制作。

5 香甜的甜甜圈

甜甜圈是一种用面粉、白砂糖、奶油和鸡蛋混合后，经过油炸的，形状为环状的甜食。甜甜圈的表层会添加奶油、糖粒、果酱和一些水果来丰富口感。大家可以自由发挥，装点甜甜圈的表层。

推荐黏土配色

1. 用压泥板把浅棕色黏土圆球压扁。

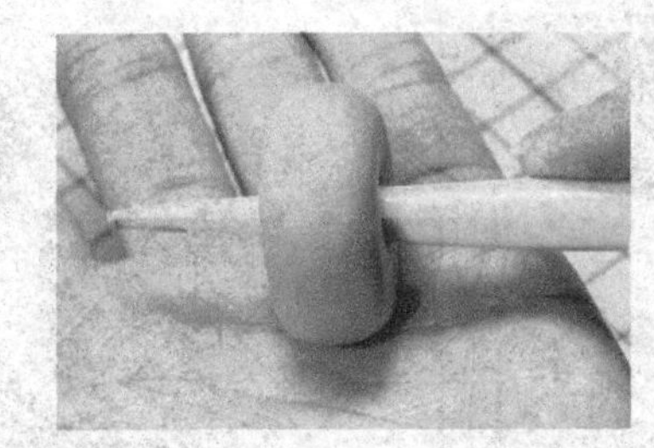

2. 用棒针工具穿过黏土做出甜甜圈，将甜甜圈放在手心里滚动以调整形状。

3. 用手把浅蓝色黏土拉成奶油往下流的形态。

4. 把奶油片贴在甜甜圈上后用棒针工具穿过奶油，调整洞口。

5. 给甜甜圈挤上紫色仿真果酱胶。

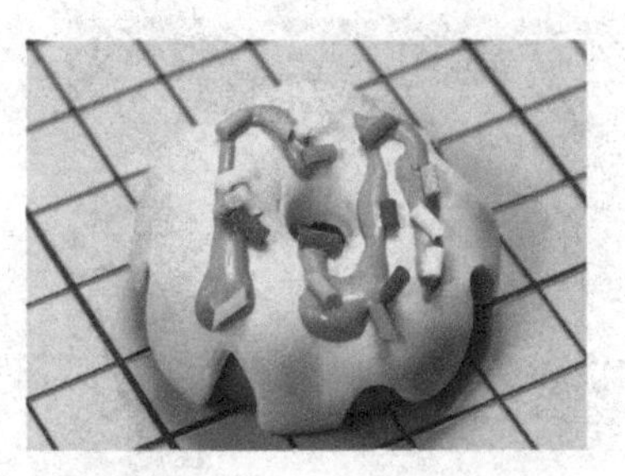

6. 撒上小糖粒，完成制作。用同样的做法还能制作出其他颜色的甜甜圈哦。

6 酸甜的菠萝

菠萝的果实很大，果皮上面有很多不规则形状的疙瘩，需要用锋利的刀才能将果皮削掉。菠萝果肉为黄色的，具有很高的营养价值。

推荐黏土配色

1. 用黄色黏土搓出水滴形。

2. 用刀形工具斜压出菠萝上的菱形格纹。

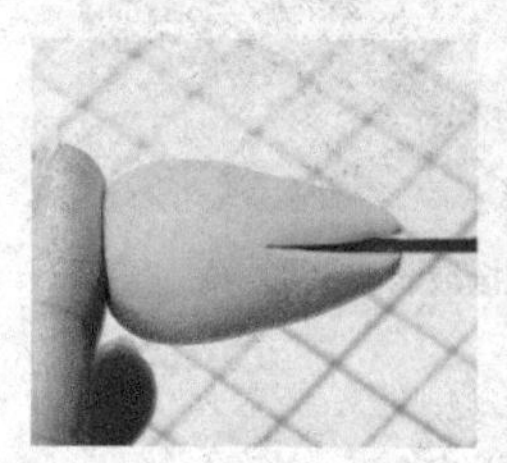

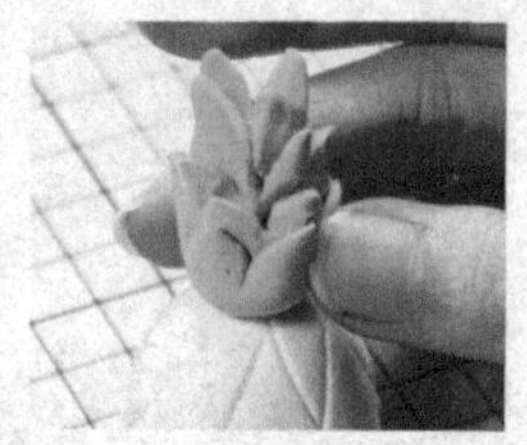

3. 将绿色水滴形尖的一端用剪刀错位剪成一片一片的，并将其粘在菠萝顶部。

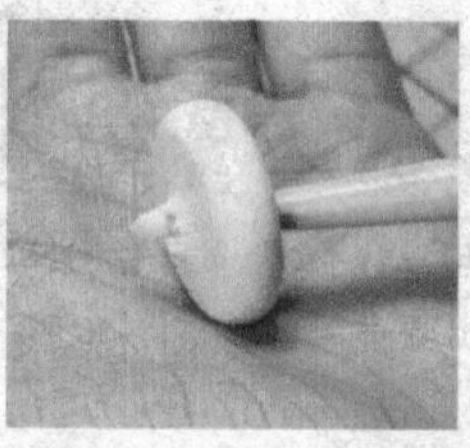

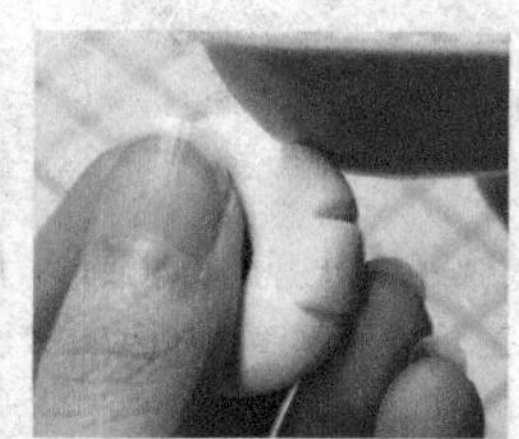

4. 将黄色黏土小圆球用压泥板压扁，再用棒针工具穿洞，接着用刀形工具压出菠萝片的花边效果，完成制作。

5. 把叶子贴到胡萝卜上，完成制作。

推荐黏土配色

7 可口的胡萝卜

萝卜营养丰富，口感清脆爽口，水分多，有“小人参”的美称。下面讲解的是胡萝卜的制作方法。

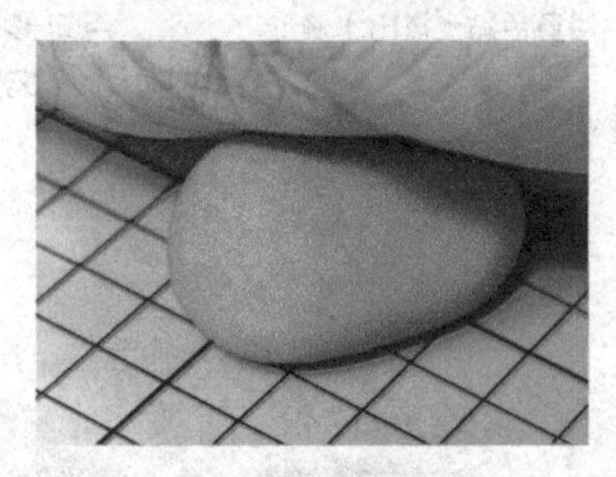

1. 将橘色黏土搓成长水滴形。

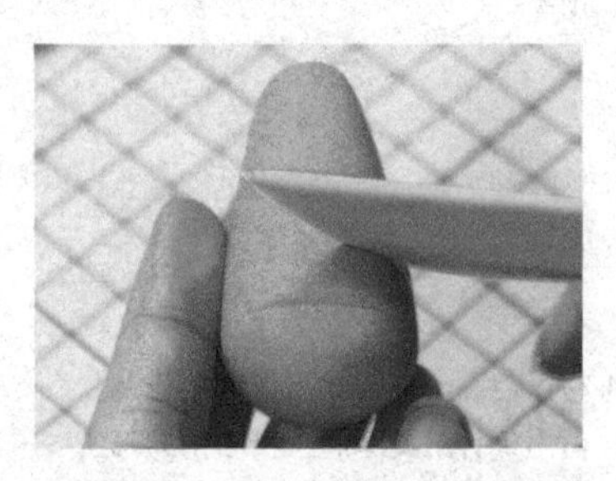

2. 用刀形工具切出胡萝卜上交错的纹理。

3. 将绿色黏土搓成长水滴形。用棒针工具按压水滴形中部，做出萝卜叶子。

4. 制作3片萝卜叶拼在一起，并修剪叶片根部。

推荐黏土配色

8 脆脆的圆萝卜

萝卜食用部分是它的根茎，其形状有长圆形、球形或圆锥形等，表皮颜色有绿色、白色、红色等色。

1. 将白色黏土搓成水滴形作圆萝卜的基础形。

2. 用刀形工具切出萝卜的纹理。

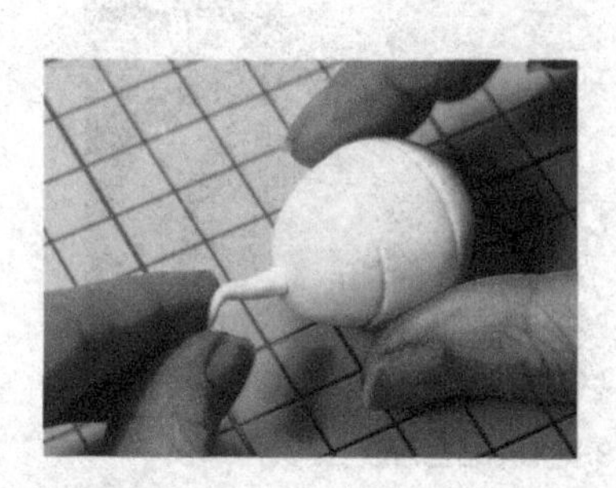

3. 在萝卜底部加上萝卜须。

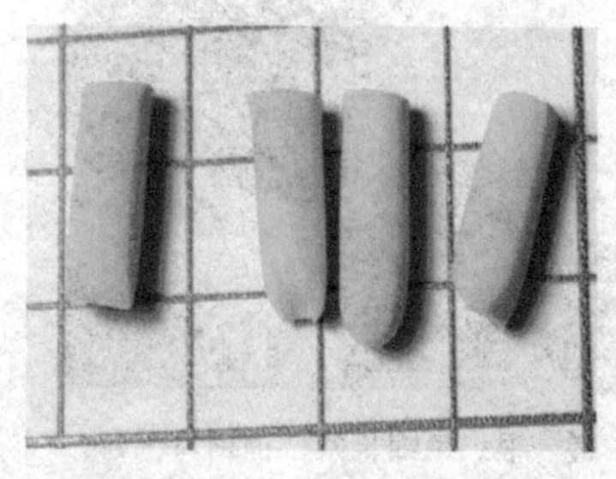

4. 将绿色长条黏土剪成4段作为萝卜的叶杆。

5. 把萝卜叶杆固定在萝卜顶部，完成制作。

4. 用勾线笔蘸取绿色丙烯颜料，画出西瓜皮上的纹理。完成制作。

推荐黏土配色

9 圆滚滚的大西瓜

西瓜属于大体型果实，形状近似于球形或椭圆形。果肉多汁，且为红色，并夹杂着黑色水滴形的西瓜籽。果皮光滑呈绿色，且布满斑纹。

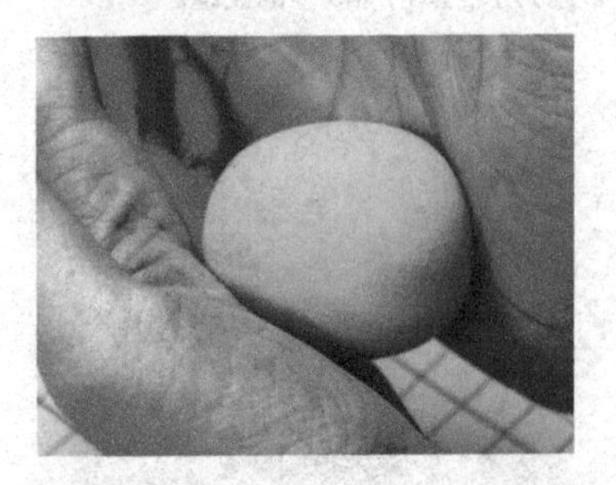

1. 将绿色黏土大圆球搓成椭圆形。放在手掌上轻轻按压，调整西瓜的形状。

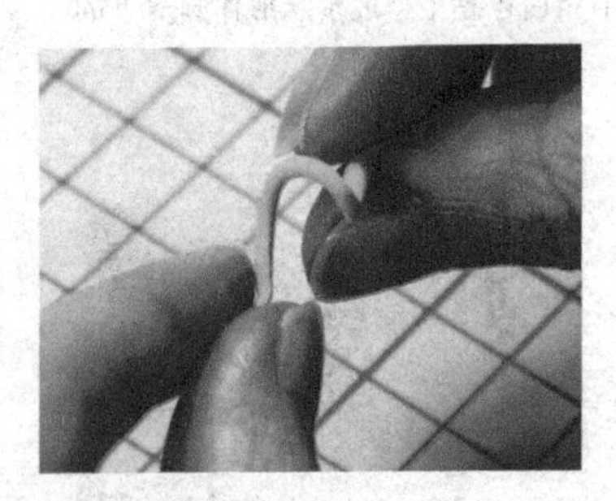

2. 搓一根绿色细长条，稍稍弯一弯，做成瓜蒂。

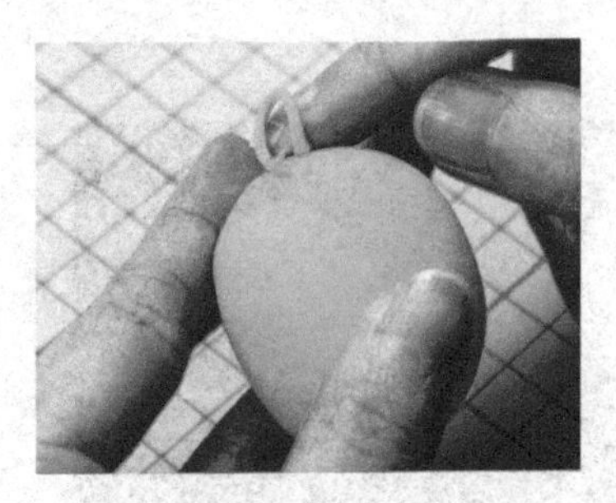

3. 把瓜蒂贴在西瓜上。

10 汁水饱满的西瓜

将大西瓜切开，露出晶莹剔透的瓜瓤，给炎炎夏日带来一丝清凉。

推荐黏土配色

1. 将红色黏土圆球用压泥板斜着压扁。

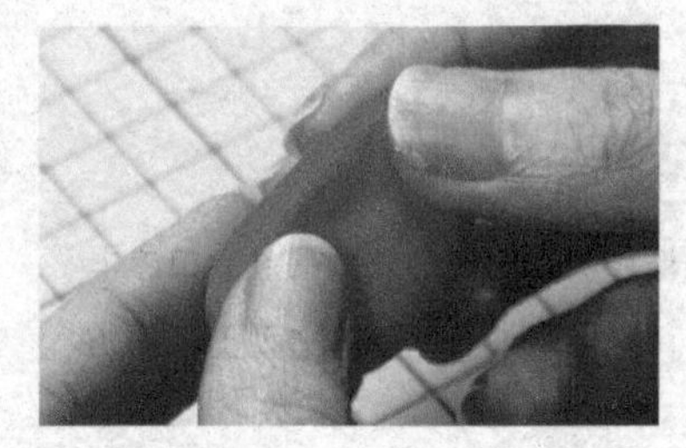

2. 调整薄边的形状。

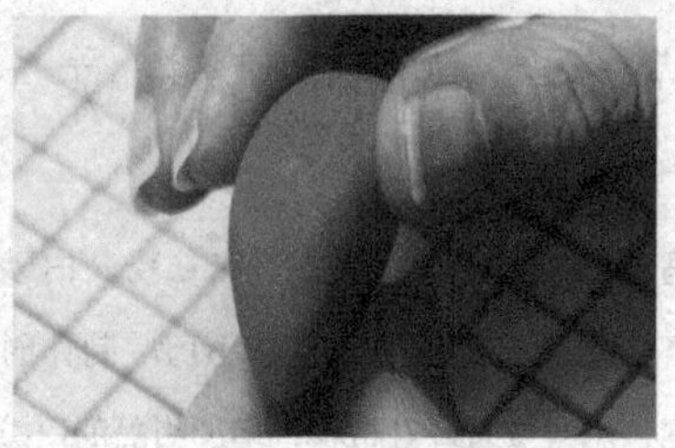

3. 用深绿色黏土搓一个梭形，用压泥板压成薄片。

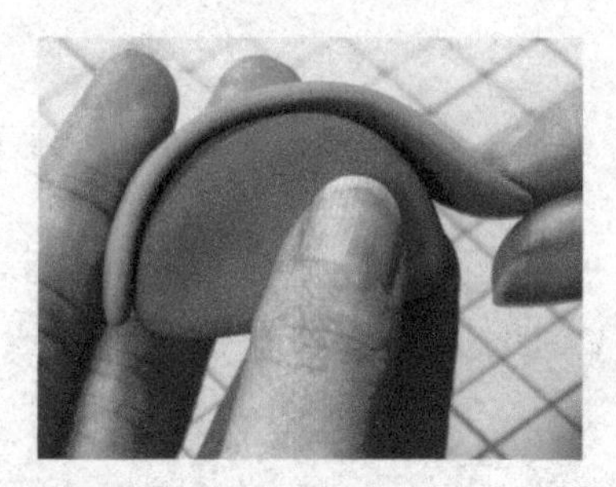

4. 把薄片贴在红色黏土的厚边上。

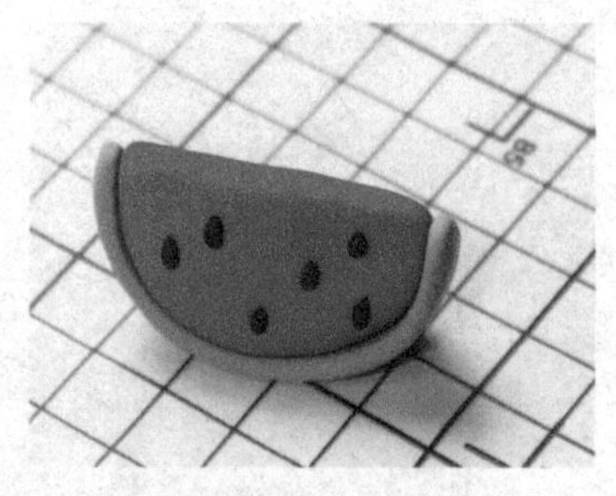

5. 贴上黑色的西瓜籽，完成制作。

推荐黏土配色

11 梦幻的马卡龙

马卡龙，是一种用蛋白、杏仁粉、白砂糖和糖霜制作的法式甜点。口感丰富，外观五彩缤纷，精致小巧。制作时，可在马卡龙的基本造型上添加奶油、水果或香叶等材料，增加甜品的口感。

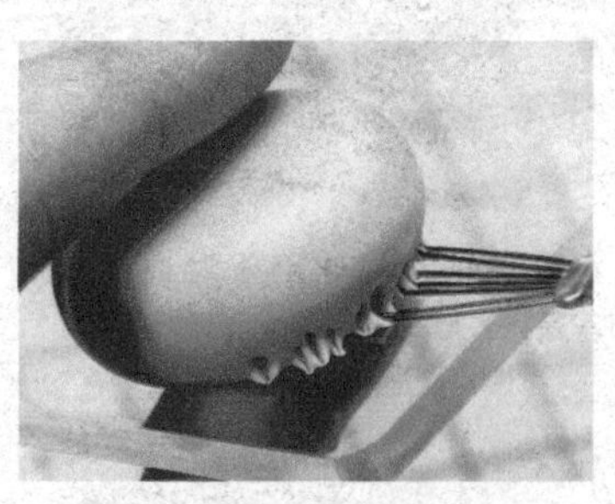

1. 用压泥板把粉色圆球压扁。用七本针在黏土边缘戳出马卡龙的花边。用相同的方法一共做两个马卡龙部件。

2. 用压泥板将白色黏土圆球斜着压扁。

3. 用粉色马卡龙部件夹住白色黏土，同时用压泥板轻轻按压，使其平整地粘在一起。

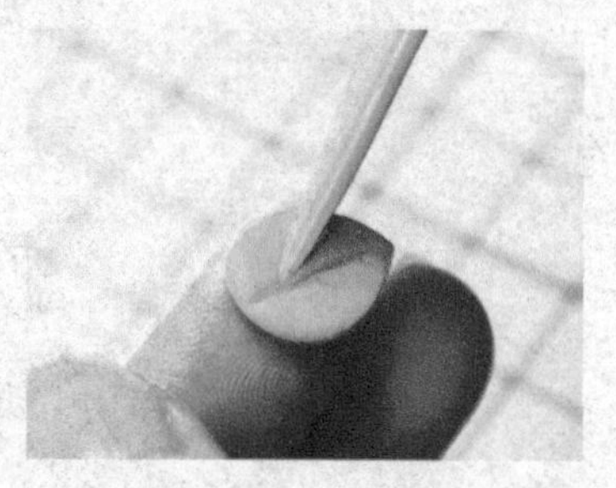

4. 准备绿色水滴形，用压泥板压扁，再用刀形工具压出叶片纹理。制作一大一小两片叶子。

5. 取白色黏土反复堆叠、拉扯，拉出丝状效果。把拉出丝状的黏土对折，然后用剪刀剪下。

6. 制作一个草莓。把前面做好的奶油、叶子，以及草莓固定在马卡龙上。

7. 用勾线笔蘸取丙烯颜料在马卡龙的奶油夹层上画出可爱的表情。完成制作。

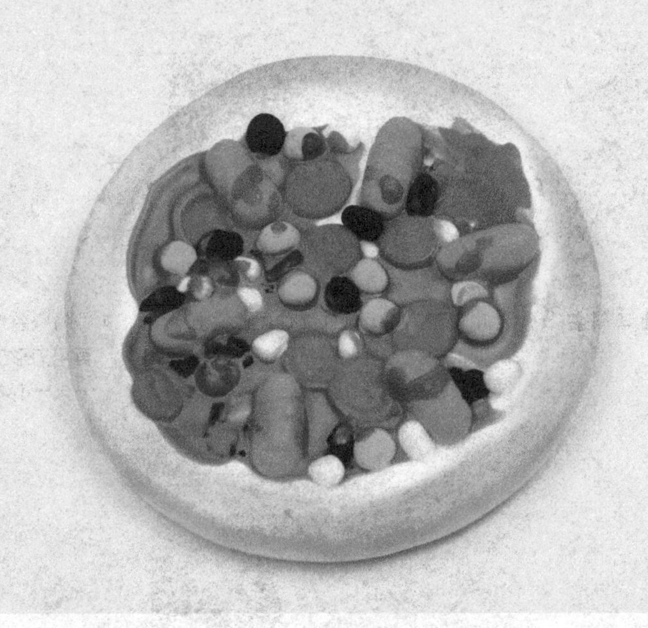

推荐黏土配色

12 诱人的比萨

比萨是一种由特殊饼底、乳酪、酱汁和各种馅料烤制而成，具有意大利风味的食品。可以按个人喜好放入蔬菜、肉类、水果等食材，口味有很多种，是大人小孩都很喜欢的食物。

1. 用压泥板将黄色黏土圆球压扁作为比萨饼底。

2. 用丸棒在比萨饼底内部来回滚动，压出比萨饼底的基本形，随后用手调整比萨饼底的形状。

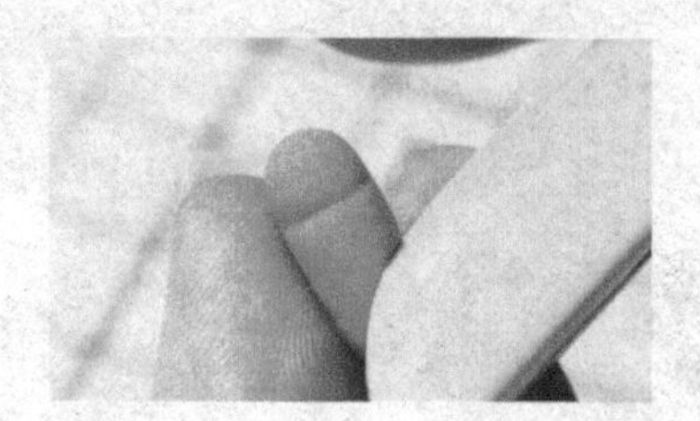

3. 用刀形工具在橘色长条上划痕，做出烤肠。

4. 取黑色小圆球用点花笔戳洞，做出橄榄。

5. 将黄色黏土捏成三角形作玉米粒。

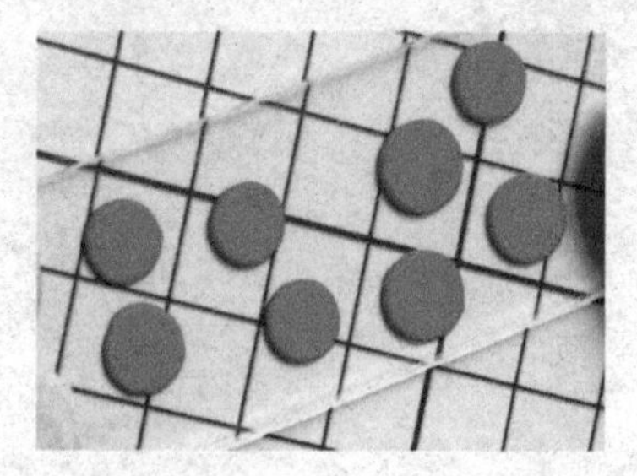

6. 将红色小圆球用压泥板压扁作香肠片。

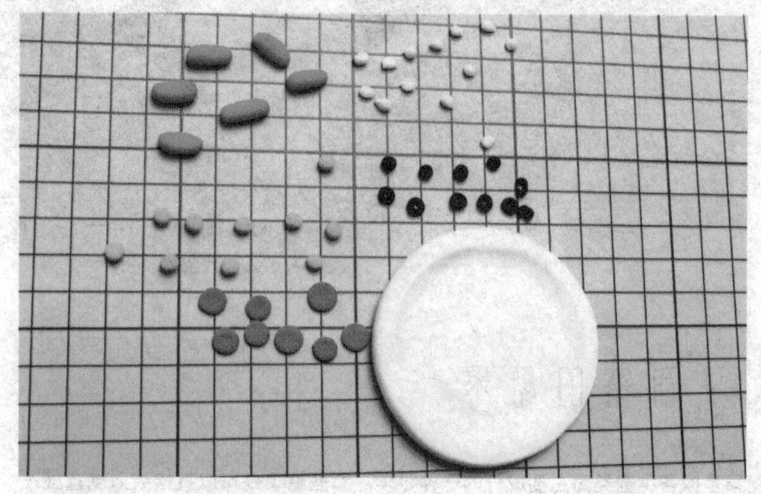

7. 准备好制作比萨所需的全部食材，有烤肠、玉米粒、香肠片、橄榄、比萨饼和用绿色小圆球做的豌豆。

8. 在比萨饼底均匀抹上白乳胶，摆上烤肠，撒上玉米粒、橄榄、豌豆、香肠片等食材。

9. 用丙烯颜料调出与咖喱颜色接近的黄色液体，先浇在比萨里，然后挤上一些红色仿真果酱。

10. 给比萨刷上色粉，做出比萨烤好的感觉。完成制作。

推荐黏土配色

13 甜蜜的糖果

糖果是以各种糖类为主要成分的一种零食。有些糖果是可以直接装入糖盒或糖罐里的，还有一些会给糖果外面裹一层纸，用来保护糖果不被弄脏和变质，糖纸上印有装饰图案或糖果名称。可以按自己的喜好自由发挥。

1. 用浅紫色和浅橘色黏土，做成圆球、圆柱形和三角形。

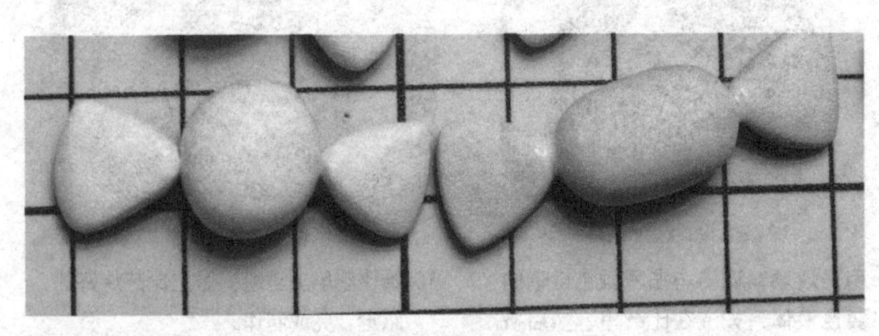

2.组装好浅紫色与浅橘色糖果。

3. 在浅橘色糖果上画条纹装饰。

4. 在浅紫色糖果上画圆点装饰。

5. 用大量白色、少量蓝色和少量绿色黏土调成浅蓝绿色黏土。

6. 将蓝绿色黏土擀成薄片，用刀形工具切出方片，尺寸自定。

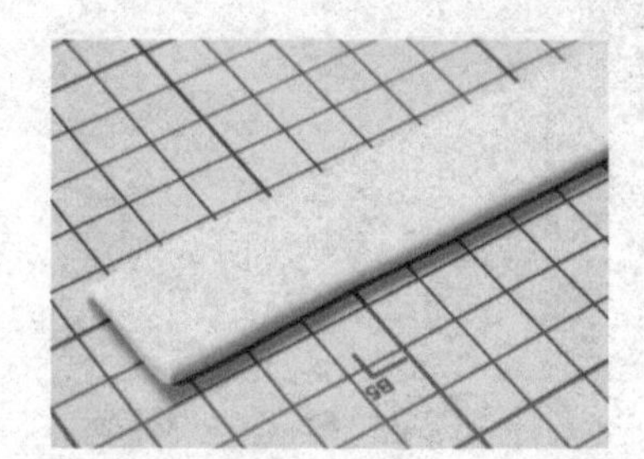

7. 切一个长片。

8. 在方片四周抹上白乳胶，把制作的长条围在方片上，再剪去多余部分，做出装糖果的盒子。

9. 用相同的方法做出糖果盒的盖子。

10. 用勾线笔蘸取丙烯颜料，给盒子和盖子画上装饰花纹，等晾干后装上糖果就可以了。完成制作。

推荐黏土配色

14 滋味汉堡包

汉堡包是用两片圆面包夹肉类、蔬菜、芝士奶酪等食材，再搭配黄油、芥末、番茄酱、沙拉酱等调味品的一种食物。

汉堡包制作方便且美味可口、营养全面，是一种不错的快餐，但它含有大量脂肪，热量高，所以不能吃得太多哦。

1. 准备大号浅黄色圆球两个，棕色、绿色、黄色中号圆球各一个，红色小圆球3个。

2. 取一个浅黄色黏土圆球用压泥板压扁。

3. 取另一个浅黄色黏土圆球用手心压成半圆形，做成汉堡顶层与底层的面饼。

4. 取绿色黏土圆球用压泥板压扁。

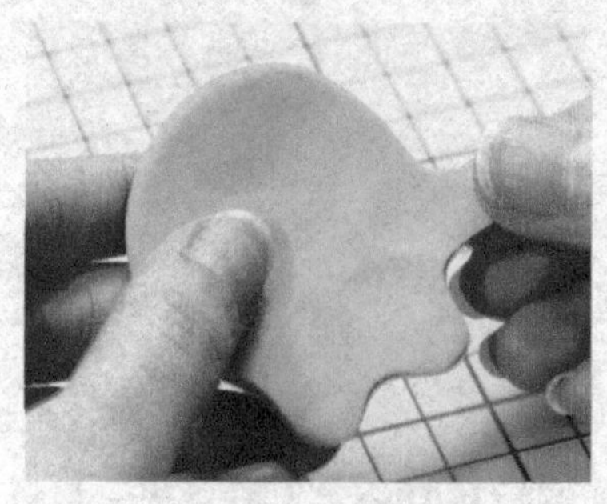

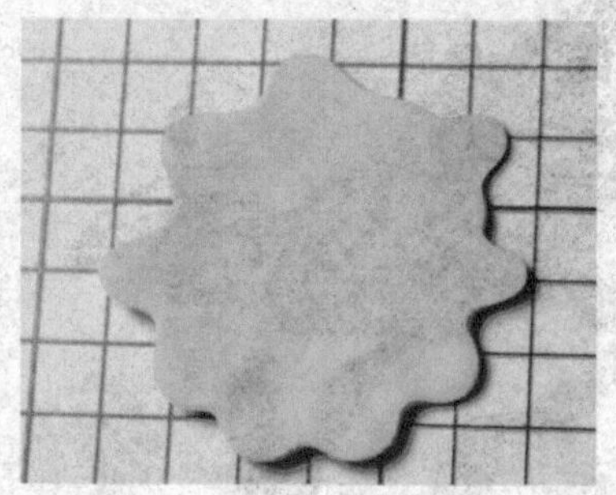

5. 用手指拉出菜叶的不规则边缘。

6. 取棕色黏土圆球用压泥板压扁。

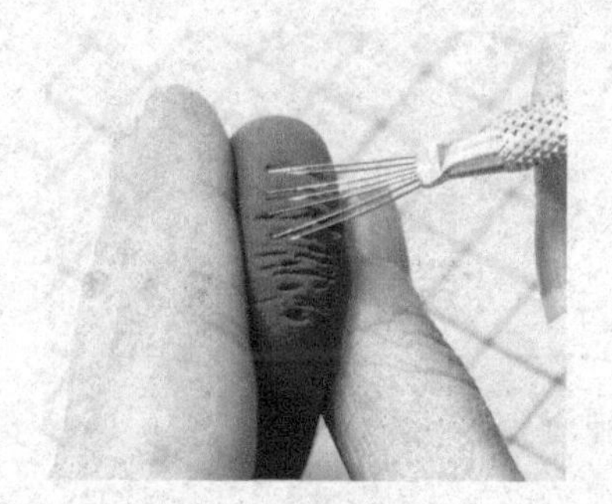

7. 用七本针戳出牛肉纹理。

8. 将黄色黏土圆球擀成薄片，用刀形工具切出芝士的形状。

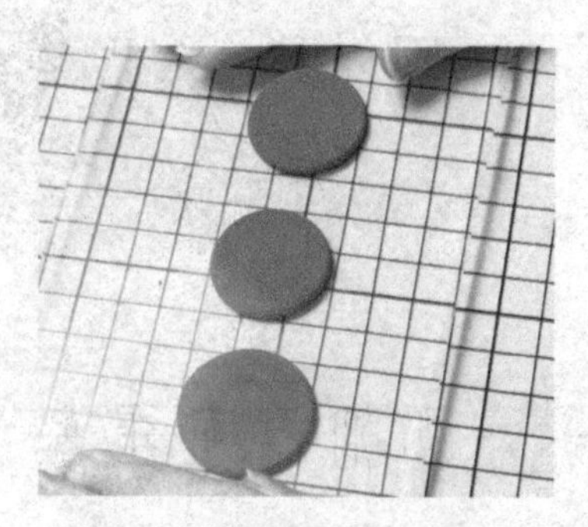

9. 将红色黏土圆球用压泥板压扁。

10. 将前面加工制作好的汉堡食材全部堆叠起来。

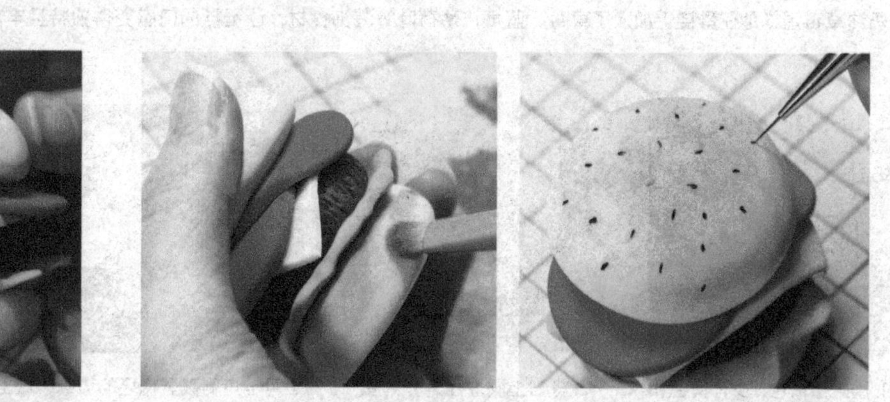

11. 用色粉刷蘸取橙色色粉刷在汉堡的面饼上。再用勾线笔蘸取黑色丙烯颜料，给汉堡顶层面饼点上芝麻，完成制作。

推荐黏土配色

15 奶油草莓蛋糕

蛋糕是以鸡蛋、白糖、小麦粉为主料，以牛奶、水、起酥油、泡打粉等材料为辅料，经过搅拌调味、成型、烘烤等工序制作而成的一种甜点。

奶油草莓蛋糕是在蛋糕上加入了草莓、蓝莓、薄荷叶等装饰食材，让蛋糕的口感变得独特且丰富。

1. 用大量白色、少许黄色和一点棕色黏土混合，揉出浅棕黄色黏土圆球。

2. 将黏土圆球压扁作为蛋糕坯。

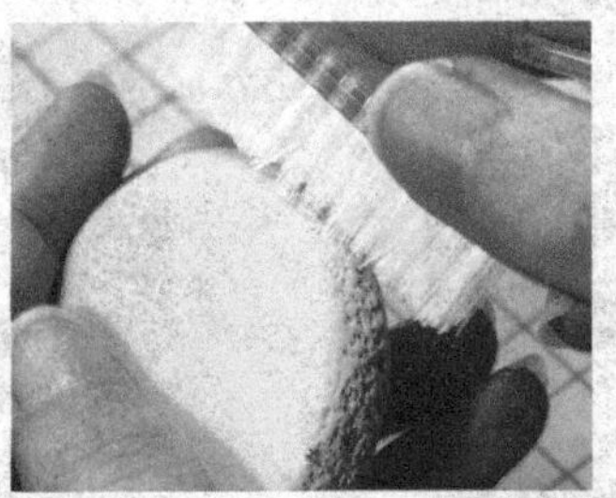

3. 用羊角刷戳蛋糕坯的边缘，做出蛋糕坯上的纹理。用相同的方法制作3块蛋糕坯。

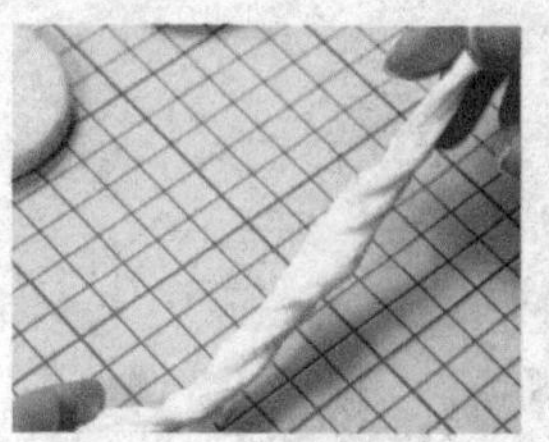

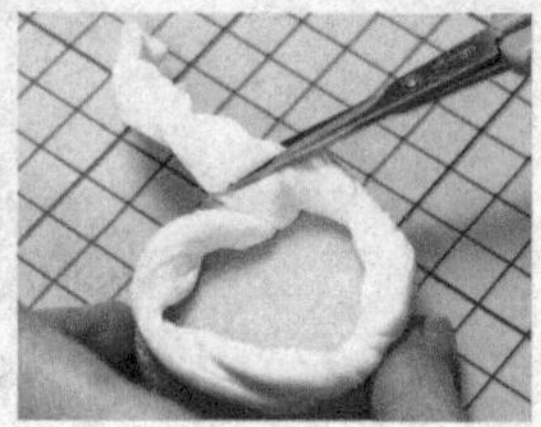

4. 将白色黏土反复伸拉，制作出奶油效果。将其围在蛋糕上，同时剪去多余部分。

5. 用红色黏土制作一些小草莓。

6. 把小草莓贴在奶油上。

7. 盖上第二层蛋糕坯。

8. 用相同的方法再加一层蛋糕。

9. 用白色黏土片拉出奶油片，并将其铺在蛋糕上。

10. 在蛋糕中间装饰一块奶油。

11. 用点花笔在蓝紫色小圆球中间压一下，蓝莓就做好了。

12. 在蛋糕中间装饰上蓝莓、小草莓和用绿色黏土制作的叶子。

13. 在蛋糕上挤一些仿真巧克力酱，完成制作。

16 美味的关东煮

关东煮串串是一种小吃，用签子将不同食材串连起来，放在高汤里慢煮。关东煮闻着香味浓郁诱人，吃起来口感别致细腻。

推荐黏土配色

1. 准备浅黄色、浅橘色、浅粉色、浅棕色、浅蓝绿色等颜色的黏土，捏出一些圆球、三角形、圆柱形、方形等基础形状。

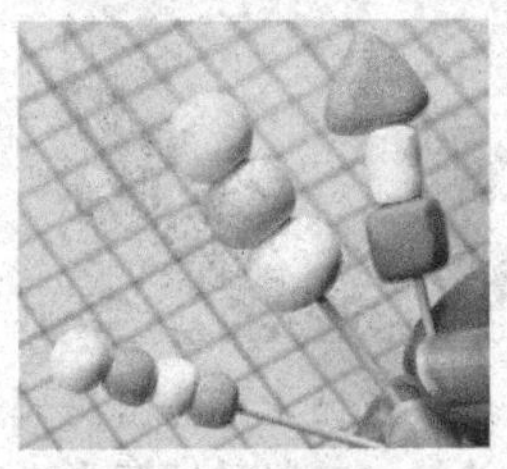

2. 随机组合，用签子穿3串。

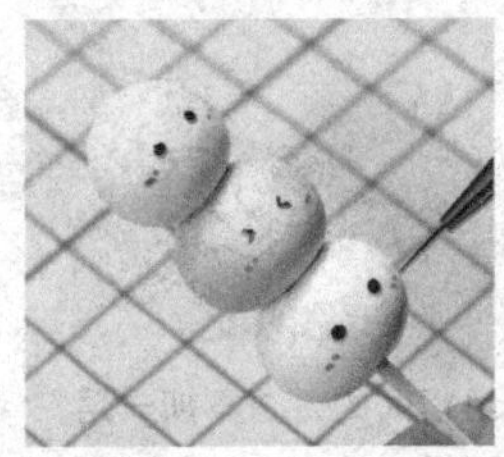

3. 用勾线笔蘸取各色丙烯颜料，画上可爱的表情。

4. 用压泥板将白色黏土圆球压扁作盘子。用丸棒滚压出盘子边缘。

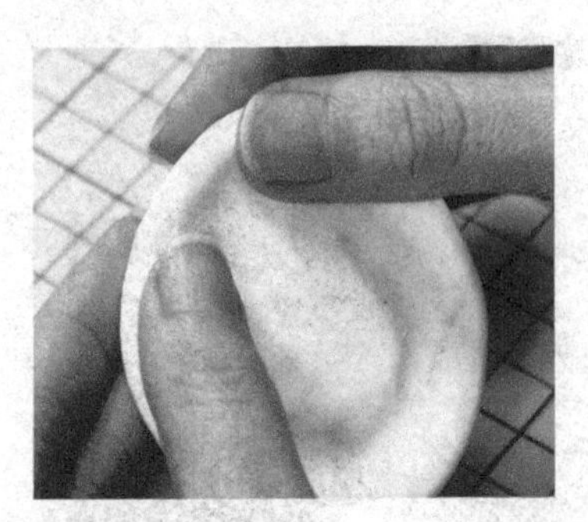

5. 用手调整盘子形状。

6. 用勾线笔蘸取丙烯颜料，在盘子边缘画出喜欢的图案进行装饰，等待盘子干透。

7. 给串串刷一层亮油，增添食欲感。等刷了亮油的串串晾干后，将其放在盘子里即可。完成制作。

17 诱人的包子

早餐是一天当中最重要的一餐，那中式早餐怎么吃呢？传统的中式早餐以馒头、花卷、煎蛋、香肠、煎饼、米饭、面条、米粉、馄饨等为主。下面从诱人的包子开始讲解早餐的制作。

推荐黏土配色

1. 用手指捏住白色黏土圆球放桌面上压成半圆形。

2. 用丸棒在包子中间压一个坑。

3. 围绕圆坑用丸棒推出包子的褶子。

4. 用点花笔调整包子褶子的形态。用相同的方法再做一个包子。

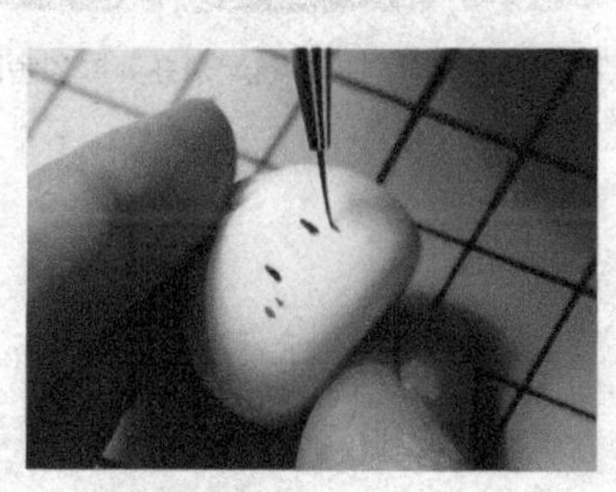

5. 给包子画上可爱的表情。在顶端刷一层橙色色粉。

18 美味的香肠

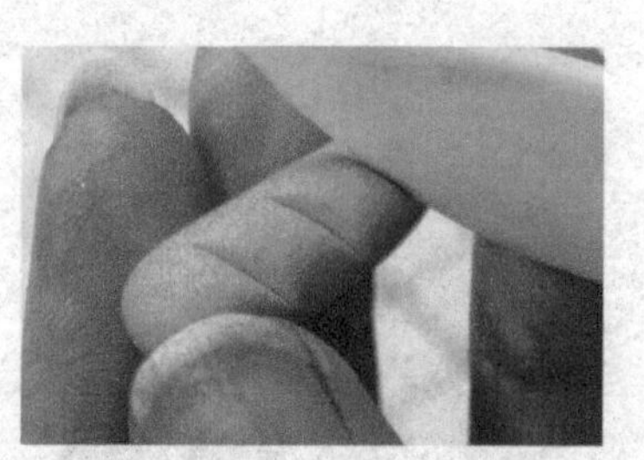

1. 用白色和橘色黏土混合，揉成浅橘色圆柱形。将橘色圆柱形用刀形工具压痕作为香肠。

推荐黏土配色

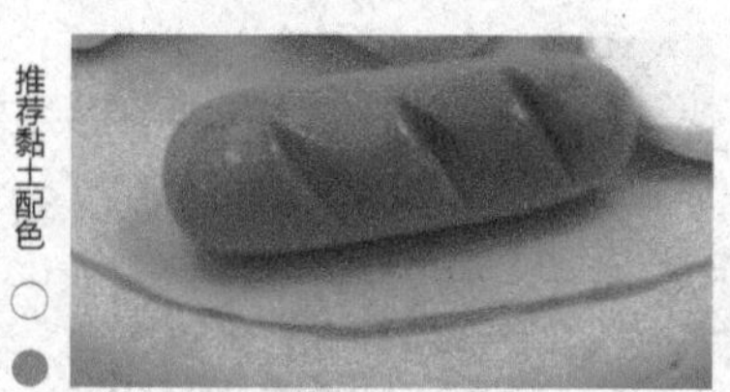

2. 涂上亮油。香肠就做好了。

19 软糯的花卷

花卷一直是称霸餐桌多年的主食之一，用它层层绽放的外貌和多变的口味吸引着大家。

推荐黏土配色

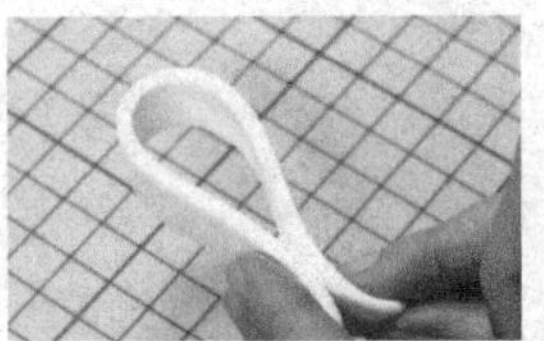

1. 把白色黏土片对折再卷起来并剪掉多余部分。用相同的方法再做一个花卷。

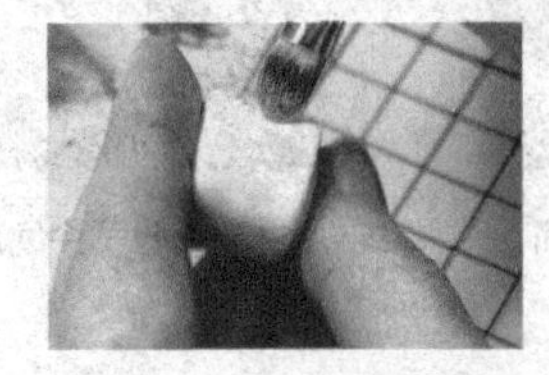

2. 给花卷刷一层橙色色粉。

3. 给花卷点上少许葱花和可爱的表情，花卷就做好了。

20 元气满满的煎蛋

一颗元气满满的煎蛋可以给大家提供了一天的元气。

推荐黏土配色

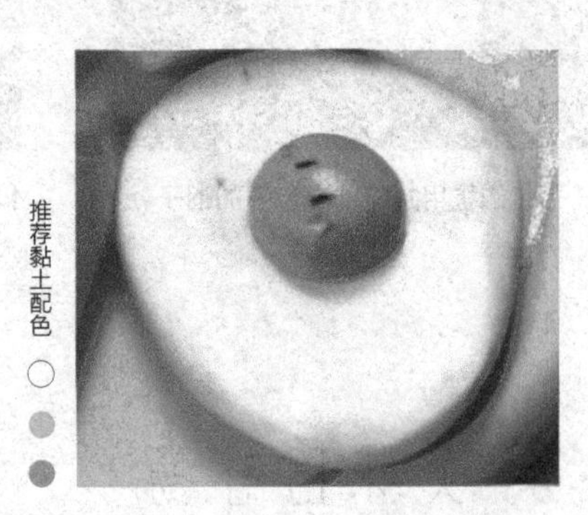

1. 将白色黏土圆球用大号丸棒压扁。

2. 用手调整一下黏土形状作为蛋白。

3. 在蛋白上加半圆形的蛋黄。

4. 给蛋白刷上淡淡的橙色色粉，给蛋黄刷上亮油，煎蛋就做好了。

5. 做一个粉色的盘子，画上装饰花边。将之前做好的早餐摆在盘子上，一顿美味的早餐就做好了。

21 弯弯的牛角包

面包，就是以黑麦、小麦、荞麦或玉米等粮食作物磨成的粉为材料，再加入水、盐、酵母，然后经烘、烤、蒸或煎等方式加热制成的食品。下面开始讲解牛角包的制作。

推荐黏土配色

5. 涂上亮油，晾干，牛角包就做好了。

1. 将浅黄色黏土搓出梭形，做牛角包。

2. 用刀形工具压出牛角包上的纹理。

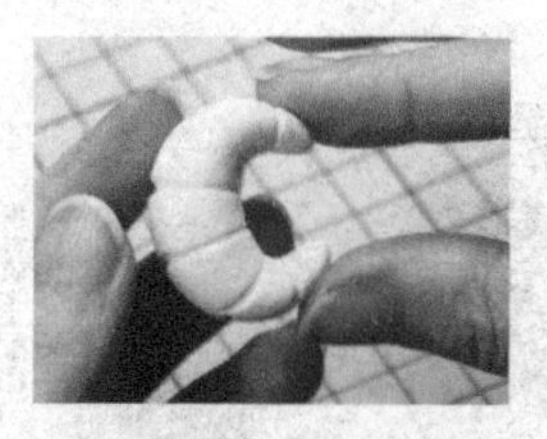

3. 将牛角包的两头弯曲，弯成牛角包的形状。用相同的方法再做一个牛角包。

4. 依次刷上黄色、橘色、红色色粉。

22 香喷喷的菠萝包

菠萝包经过烘焙后，表面金黄色。菠萝包因凹凸的脆皮状似菠萝而得名。

1. 将浅黄色黏土圆球放在桌面上并压成半球形，用来制作菠萝包。

2. 用刀形工具压出菠萝包上的纹理。

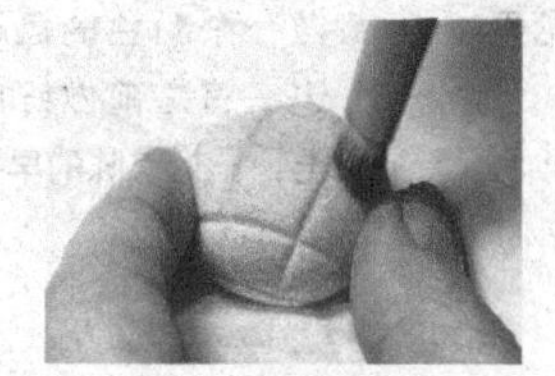

3. 依次刷上黄色、橘色、红色色粉。

4. 涂上亮油，晾干，菠萝包就做好了。

23 芝麻小面包

点缀的芝麻让面包更加飘香四溢。

推荐黏土配色

1. 将浅黄色黏土圆球放在桌子上，并压成半球形。

2. 依次刷上黄色、橘色、红色色粉，点上芝麻。

3. 涂上亮油，晾干，就做好了。

24 麦香味的法棍

法棍是法国面包的代表，表皮松脆，内心柔软且具韧性，让人越嚼越香。

推荐黏土配色

8. 涂上亮油，晾干，将之前做好的面包装上托盘，就做好了。

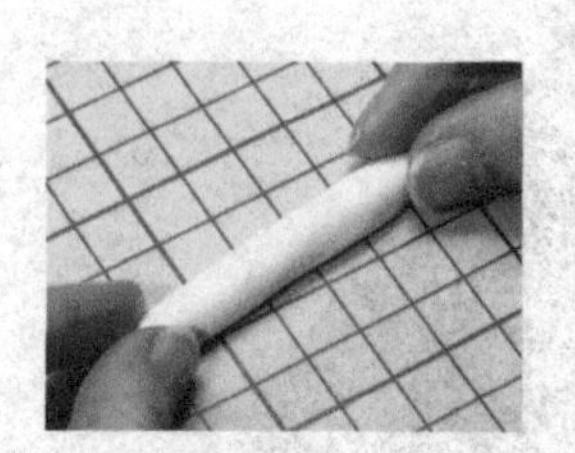

1. 将浅黄色黏土搓长条，用手指将长条一面压平，做成法棍。

2. 用刀形工具压出法棍面包上的纹理。

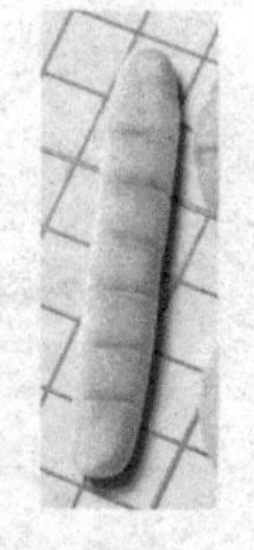

3. 依次刷上黄色、橘色、红色色粉。

4. 将浅棕色黏土搓成长条。

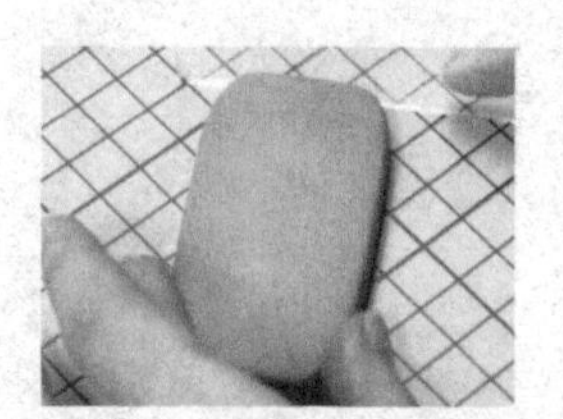

5. 用压泥板压扁长条，再调整形状，做成面包托盘的木板主体。

6. 搓一个尖的一端为平面状的水滴形黏土作为托盘手柄。

7. 把手柄微微压扁，并将手柄木板和手柄在一起。用点花笔戳出手柄上的洞，再用七本针刮出托盘上的木纹。把做好的面包放在托盘上，完成制作。

Chapter 5

第5章 放假啦 过节啦

中秋节、春节、元宵节、端午节是我们的传统节日，有各自独特的节日风俗，想象一下，让我们用粘土来捏出心中的传统节日，下面跟着我来做一做吧！

推荐黏土配色

1 中秋节

每年农历八月十五日，是我们的传统节日中秋节。在这天，我们与家人团圆，看着挂满树枝的桂花，一起赏月、吃月饼、挂灯笼、听着“嫦娥奔月”“玉兔捣药”的传说故事，感受浓郁的节日气氛。

1. 云朵底座可以用湿黏土把干的废黏土粘起来。

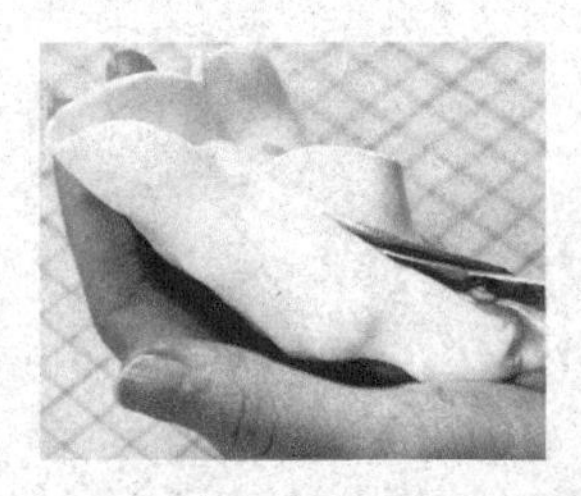

2. 将白色黏土用擀泥杖擀成薄片。用薄片包住废黏土后用剪刀剪去多余部分，做出云朵底座。

3. 用黄色和橘色黏土混合均匀，将其搓成圆球，并放在底座上当作月亮。

4. 用丸棒在月亮上压出眼窝。

5. 贴上黑色眼睛和粉色腮红。

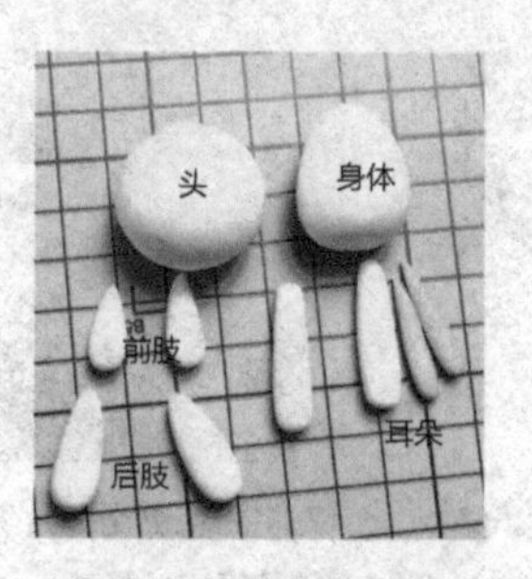

6. 用白色和粉色黏土搓出制作玉兔的黏土基础型，有圆球和不同粗细的水滴形。

7. 用笔杆将白色黏土圆球压出玉兔脸窝。用手指抹平压痕，调整出玉兔的脸型。

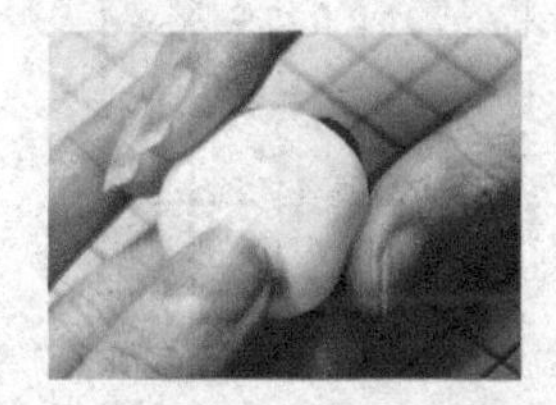

8. 把玉兔的额头捏窄一点。

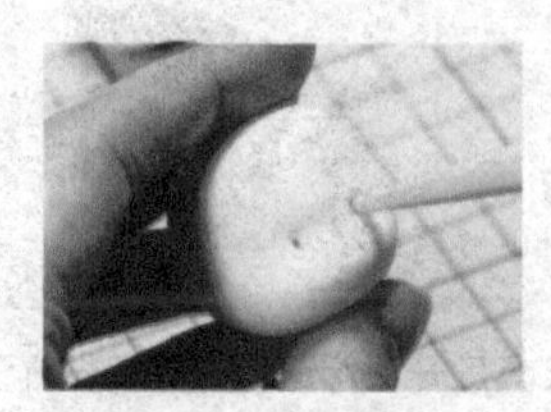

9. 用棒针工具戳出眼窝。

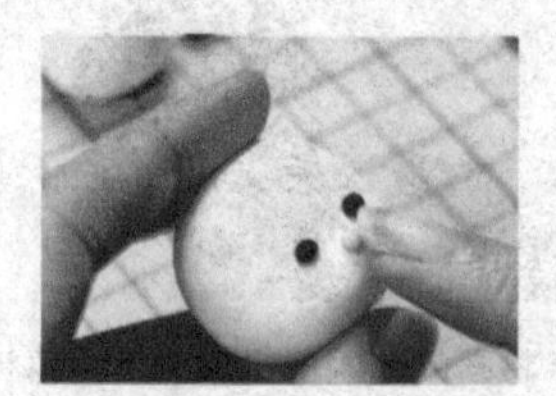

10. 加上黑色眼睛，贴上粉色小鼻子。

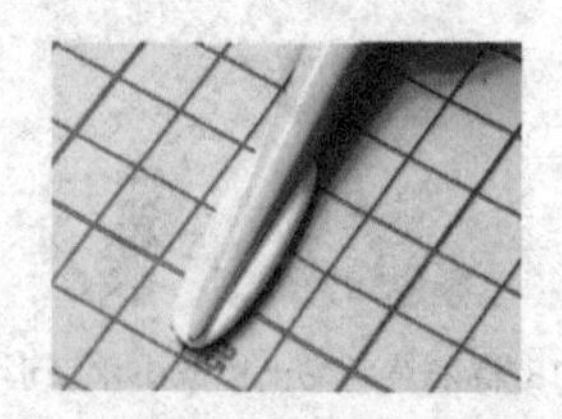

11. 将白色黏土水滴形用棒针压扁。

12. 在耳朵中间贴上粉色水滴形，并用压泥板压扁。

13. 修剪耳朵底部并将其贴在玉兔头上，调整兔耳形态。

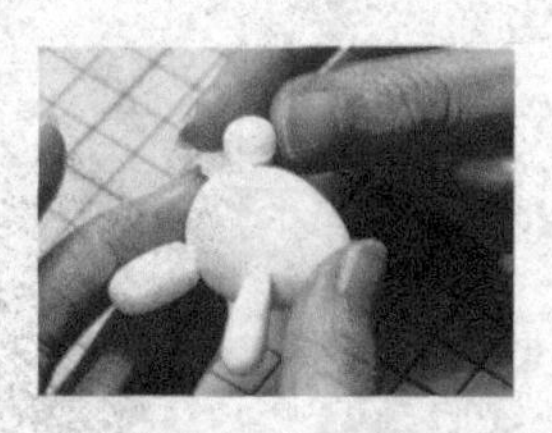

14. 修剪白色黏土水滴形，将其固定在身体上。搓白色圆球作尾巴并将其固定在身体背面。

15. 用牙签把玉兔的头、身体和月亮连接组合起来。

16. 将粉色长条用擀泥杖压成薄片。修剪薄片。

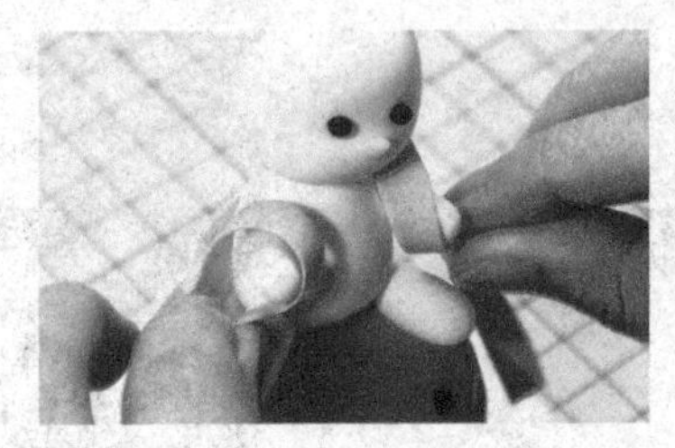

17. 将粉色黏土薄片缠绕在玉兔身上作装饰。

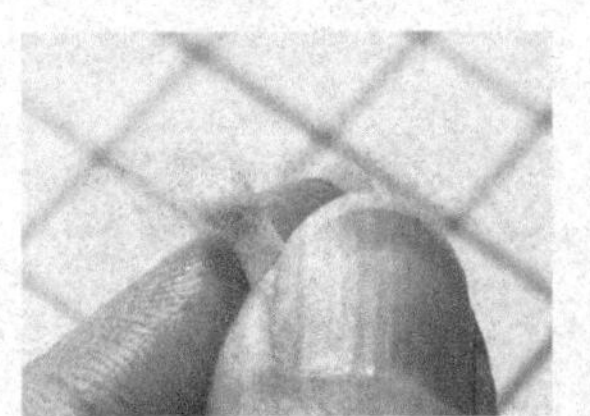

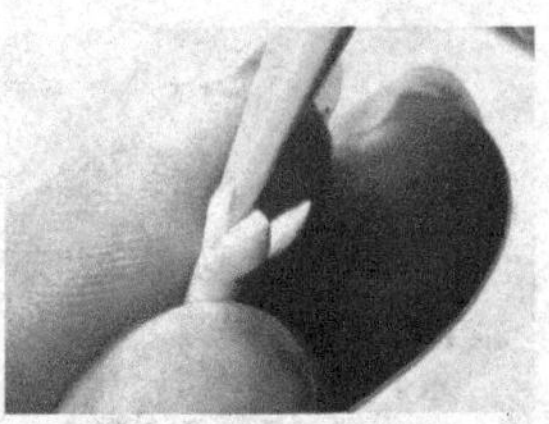

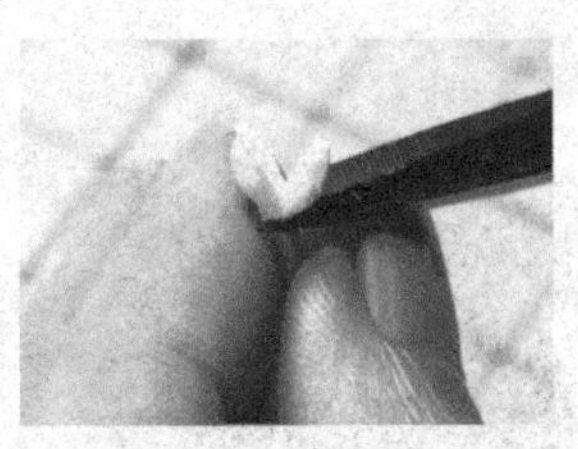

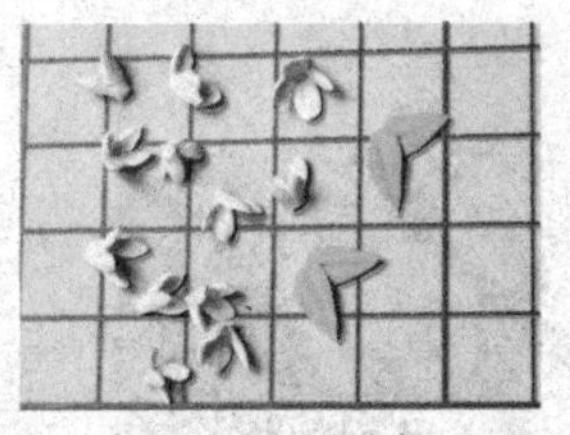

18. 将浅黄色黏土搓成小水滴形，将圆的一端剪出四瓣，用棒针工具压开，修剪后桂花就做好了。用绿色水滴形黏土制作叶子。

19. 把桂花随机装饰在云朵底座和玉兔身体上，然后给玉兔加上腮红。

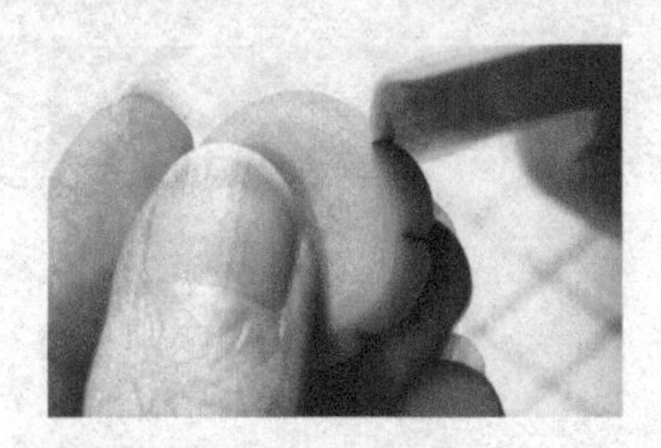

20. 用刀形工具在浅棕色圆片上压出纹理。

21. 搓一根细长条，将细长条围在圆片上。用小圆球制作成装饰花。

22. 给月饼刷上亮油，增加色泽度。

23. 用刀形工具在红色圆球上压出纹理。

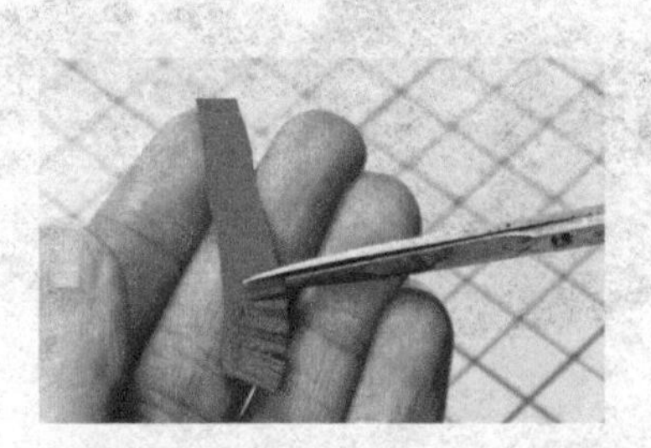

24. 用剪刀在红色黏土长片上剪出流苏。

25. 把流苏卷起来，用白乳胶贴在灯笼底部，并在灯笼顶部贴上小圆片。

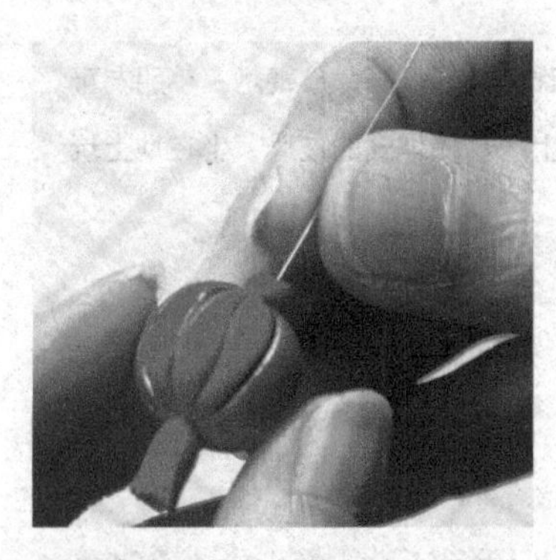

26. 用金色丙烯给灯笼勾边，再戳入铜丝。

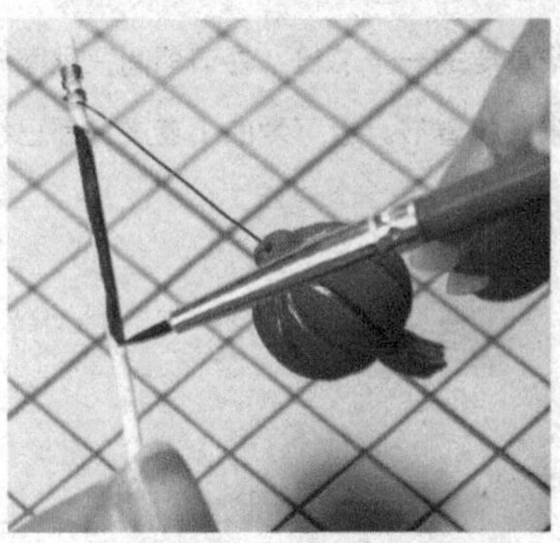

27. 把灯笼固定在牙签上后把牙签刷成棕色，接着固定在玉兔手中，放上月饼，完成制作。

推荐黏土配色

2 春节

春节是我们传统节日里最盛大、最热闹、最重要的一个节日。春节期间，家家户户都会挂红灯笼，放鞭炮，小朋友可以收到压岁钱，有的地方还会有舞狮活动来庆祝春节。看可爱的小老虎，都已经穿上了舞狮样式的披风，坐在地上玩耍了。

1. 制作底座可以用废黏土。

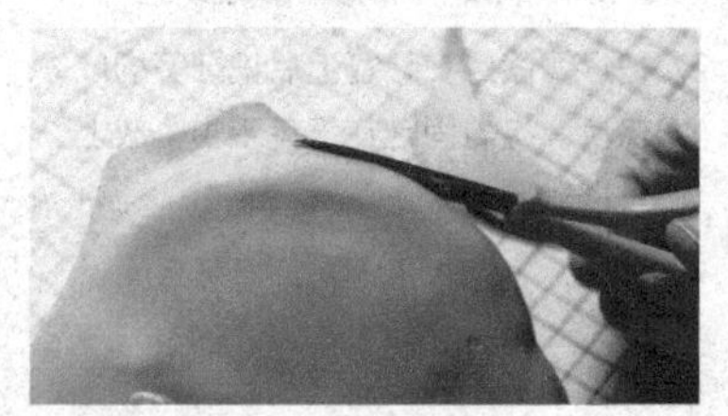

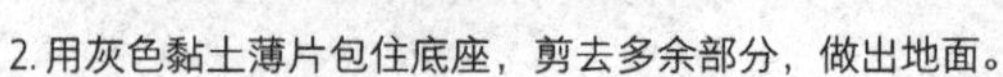

2. 用灰色黏土薄片包住底座，剪去多余部分，做出地面。

3. 用压泥板压出地面上的横条砖纹，再用刀形工具压出错位的竖条纹，切出一块一块的地砖。

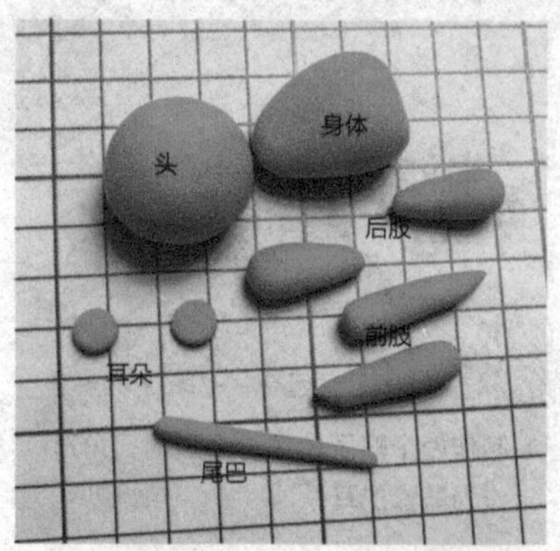

4. 用橘色黏土做出制作小老虎所需要的黏土基础型，然后参考第4章里介绍的老虎制作过程做一只蹲坐在地上的小老虎。

5. 搓一个红色黏土圆球，用丸棒压出洞。

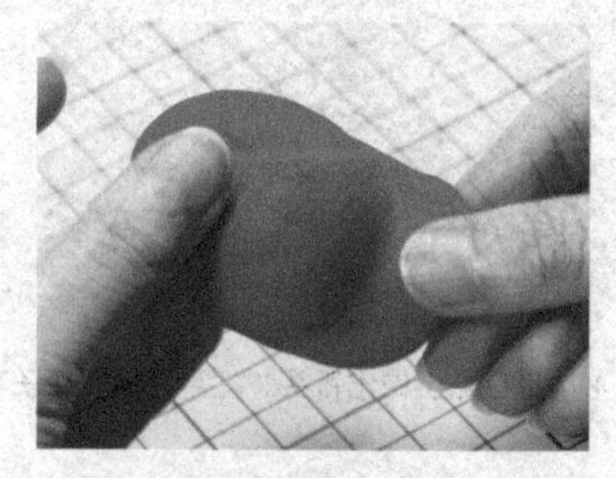

6. 用手捏住红色黏土的一端，将黏土拉长。调整出带帽款披风的最终造型。

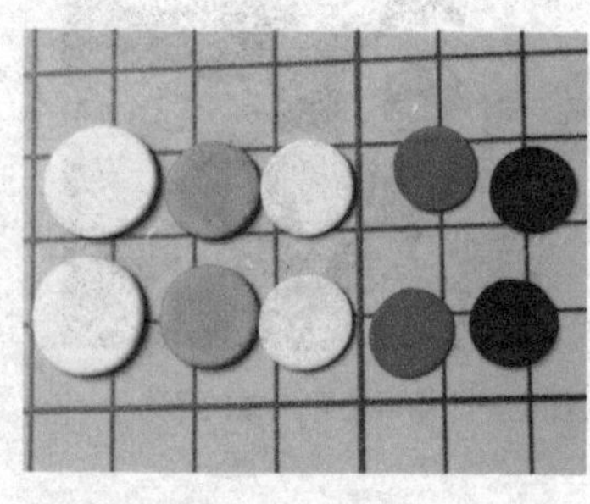

7. 准备5种颜色的黏土圆片，并且圆片尺寸依次缩小一圈。

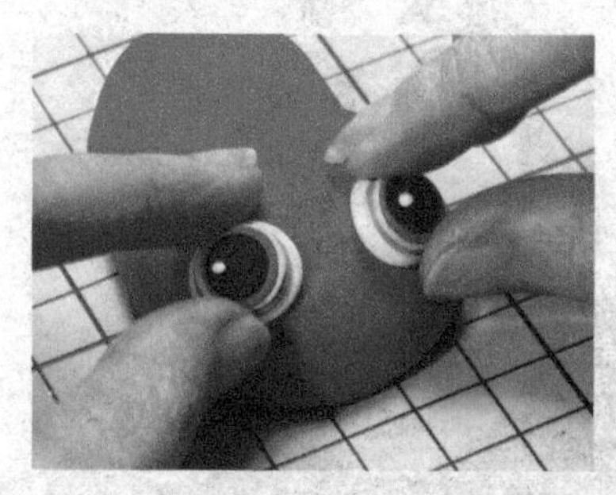

8. 把圆片按图示样子叠起来贴在披风的帽子上。在帽子边缘贴上一圈白色黏土条。

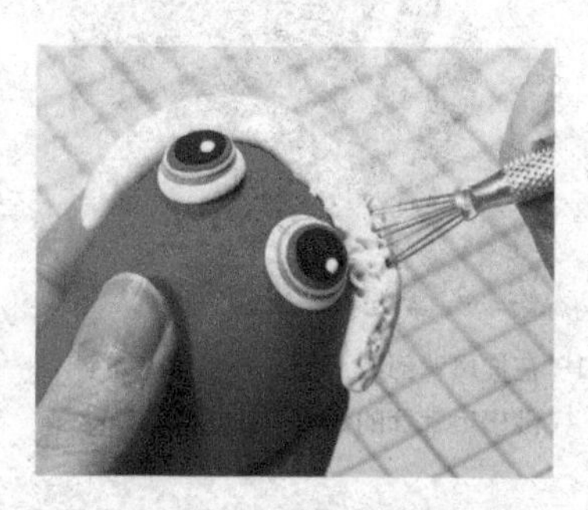

9. 用七本针戳出毛茸茸的纹理。

10. 用相同的方法给眼睛加一圈绒毛。用两个黄色小圆球和一个红色大圆球组合做出舞狮的鼻子和嘴巴。

11. 制作两个贴了白色绒毛边的三角形作为舞狮的耳朵。

12. 将耳朵固定在眼睛上。

13. 加上一个用橘色黏土做的角。

14. 用红色黏土做出舌头。把舌头贴在胡子下面，露出一点点即可。

15. 在披风背部贴上细长条，用七本针戳出毛茸茸的效果。

16. 为了让舞狮披风能更牢固地戴在老虎头上，组合时可以去掉小老虎的耳朵。

17. 做出4个红灯笼，用铜丝将其穿起来。

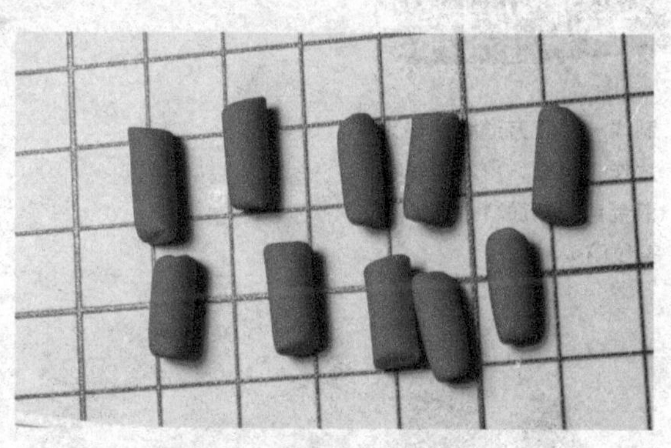

18. 制作一些红包备用。

19. 准备多个红色圆柱形鞭炮和一根白色黏土长条。

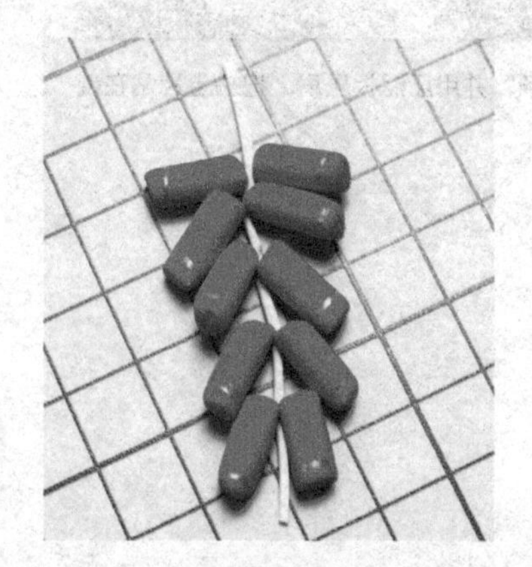

20. 给每个鞭炮上画上装饰金线并将其固定在白色黏土长条上，一串鞭炮就做好了。

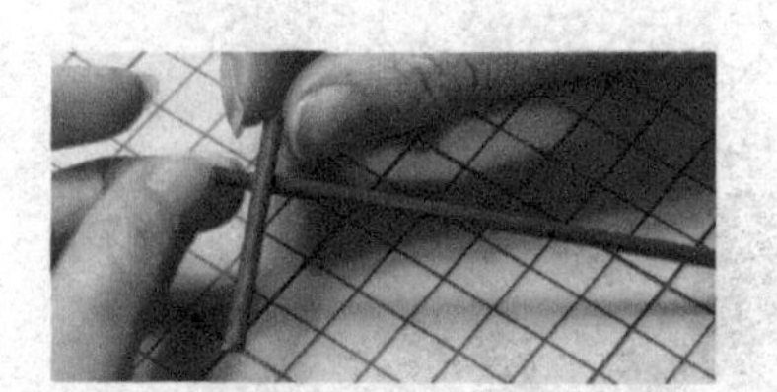

21. 把染色的竹签剪成一长一短两段，用401强力胶把短木棒固定在长木棒上，做成一个架子。

22. 把所有物件全部组装在底座上，完成制作。

3 元宵节

农历正月十五是元宵节，“吃汤圆”是元宵节当天的重要习俗，所以汤圆也叫“元宵”。

推荐黏土配色

1. 制作一片正方形红色黏土片作为桌布，用勾线笔蘸取金色丙烯颜料绘制方格条纹图案。

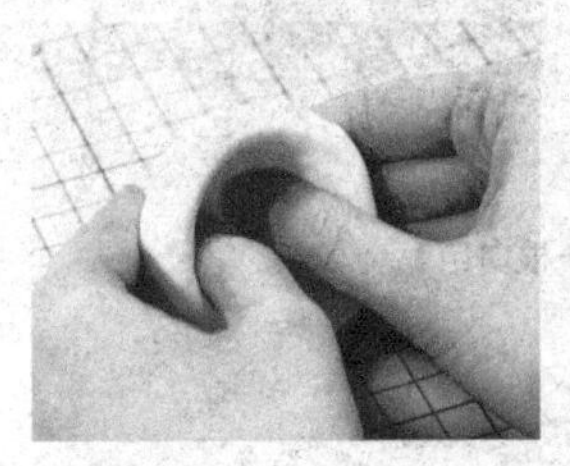

2. 把白色黏土圆球放手掌上，用手指掏个洞，一边旋转黏土，一边捏黏土，把洞口扩大。反复调整，用手指慢慢把碗口边缘捏薄。

3. 搓一根白色黏土长条，并用压泥板压扁。把黏土片贴在碗底，做出碗足。

4. 用勾线笔蘸取蓝色丙烯颜料在碗内外画出装饰花纹。

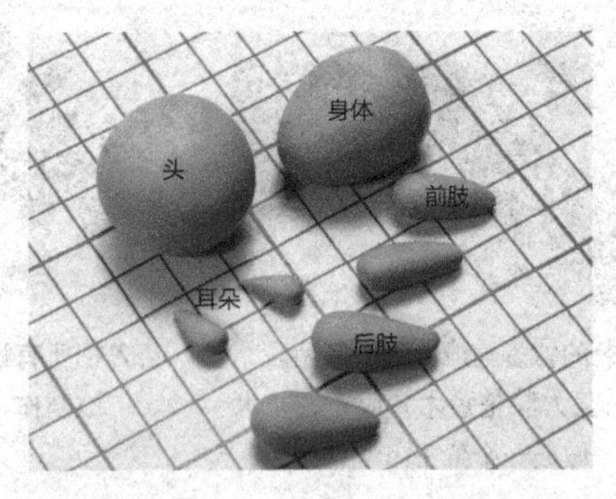

5. 用浅棕色黏土搓出制作柴犬所需要的黏土基础型。

6. 参考第4章里的松鼠头部制作方法，用准备的基础形制作柴犬的头。

7. 给柴犬加上红色舌头和浅棕色耳朵，完成头部造型制作。

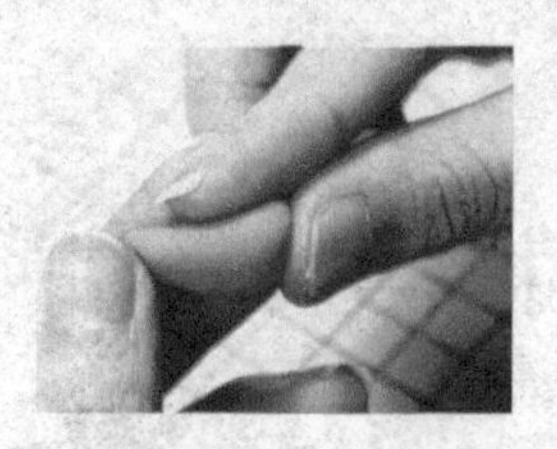

8. 将四肢用手压出造型。

9. 贴上白色椭圆形黏土片。把后肢固定到身体上去。将前肢、身体和碗固定在一起。

10. 用牙签把头安在身体上。

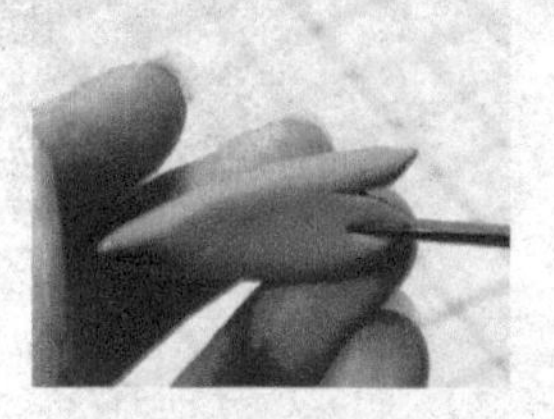

11. 将浅棕色水滴形压扁并剪出狗尾巴造型。

12. 用手指调整尾巴形状，并将尾巴固定到屁股位置处。

13. 用喜欢的颜色的黏土搓圆球。本案例选用了浅黄色、浅绿色、浅粉色和浅蓝色黏土。

14. 给汤圆画上各种可爱的表情。

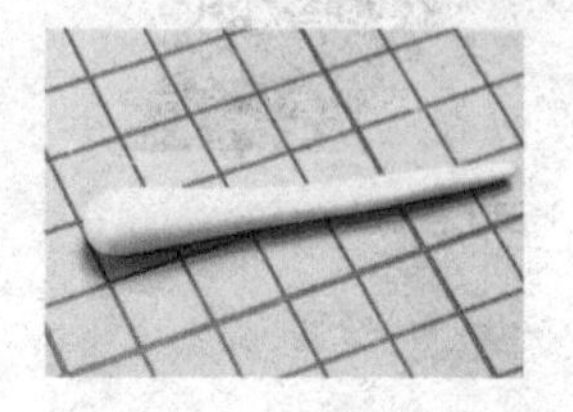

15. 将白色黏土搓成长水滴形。

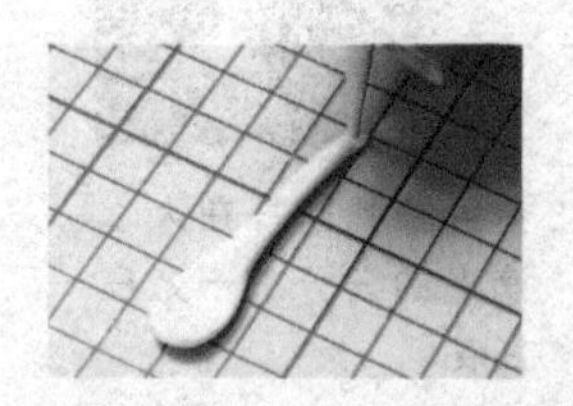

16. 用丸棒把水滴形圆的一端压出凹槽。用棒针工具在勺柄顶端戳一个洞。

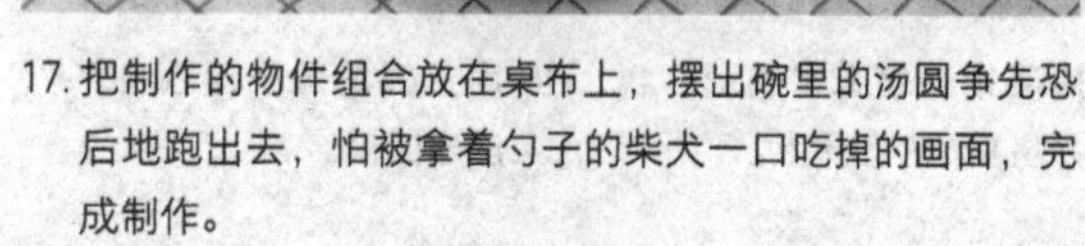

17. 把制作的物件组合放在桌布上，摆出碗里的汤圆争先恐后地跑出去，怕被拿着勺子的柴犬一口吃掉的画面，完成制作。

4 端午节

端午节是我们的传统节日，在这一天大家会在江面上进行划龙舟比赛。看龙舟上的3个小粽子，一个拿着双桨在努力划船，另一个因为太用力翻出了船，还有一个靠在船尾悠闲地躺着……

推荐黏土配色

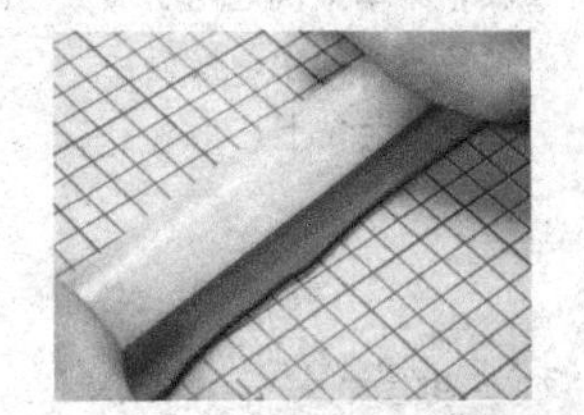

1. 将红色黏土用擀泥杖擀成长方形黏土片。

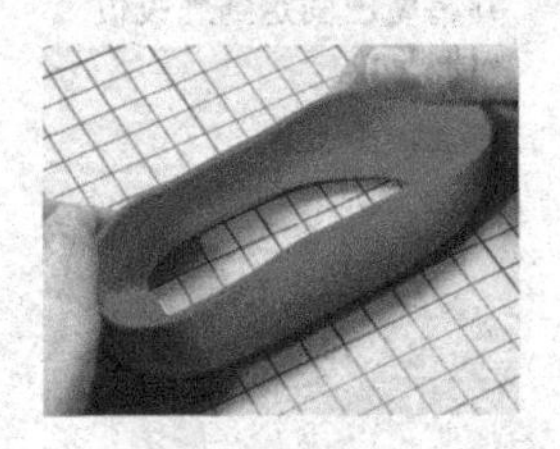

2. 用手指弯折黏土片，围成船形。

3. 加上船底。

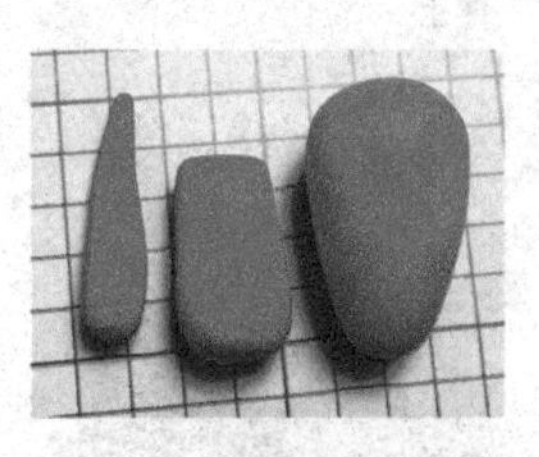

4. 用红色黏土分别做出长水滴形、圆柱形和大水滴形。

5. 用手指调整长水滴形，并将其粘在船尾上。

6. 用丸棒的圆杆给圆柱形压出凹槽。

7. 调整凹槽和脖子造型，并将其固定在船头处，剪去多余部分。

8. 用丸棒的圆杆在大水滴形的三分之一处压凹痕。

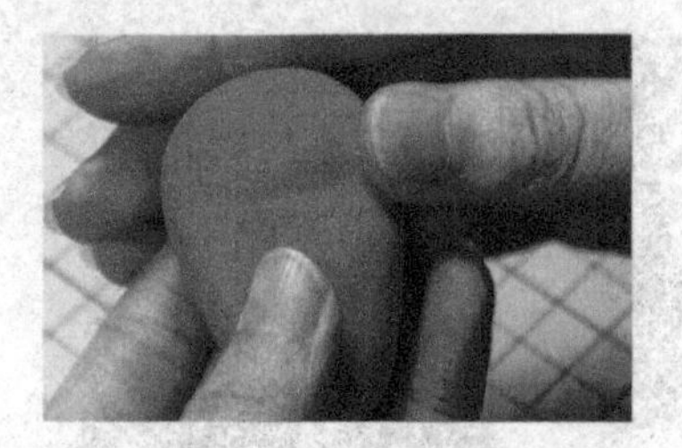

9. 用手指将压痕抹圆滑。

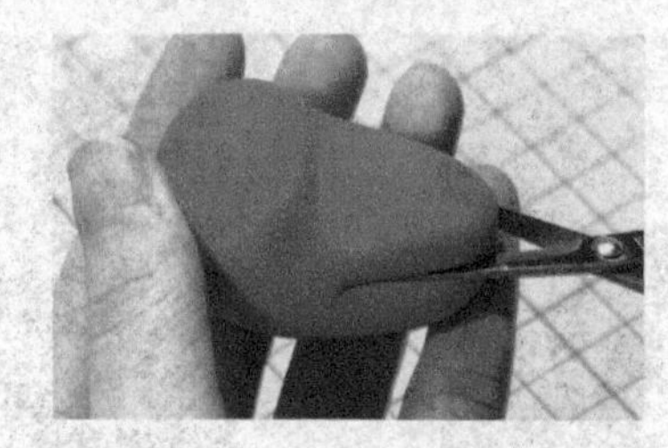

10. 用剪刀剪开嘴巴。

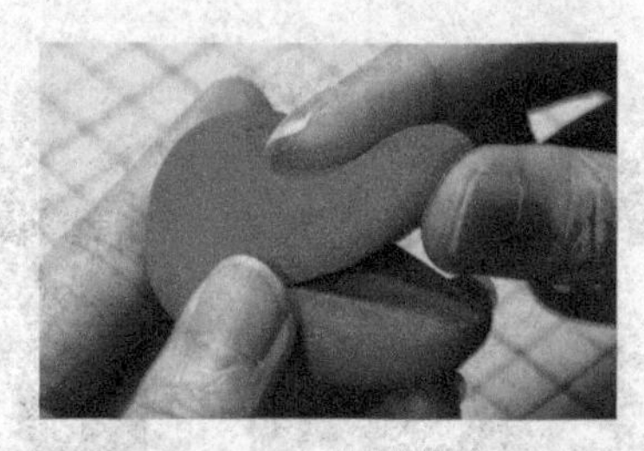

11. 调整嘴巴造型。

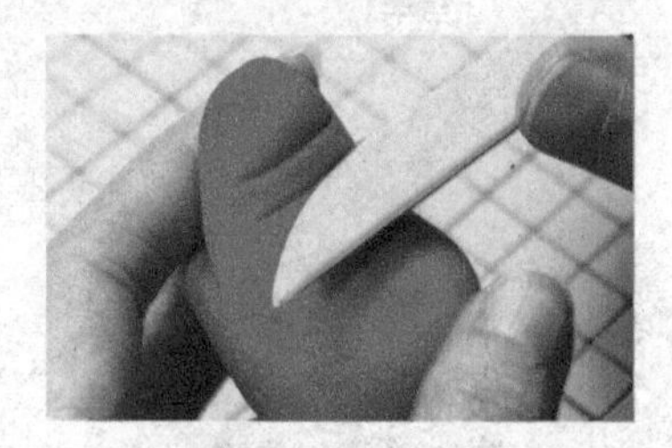

12. 用刀形工具在嘴巴上压出纹路。

13. 用刀形工具在白色黏土片上压出压痕。

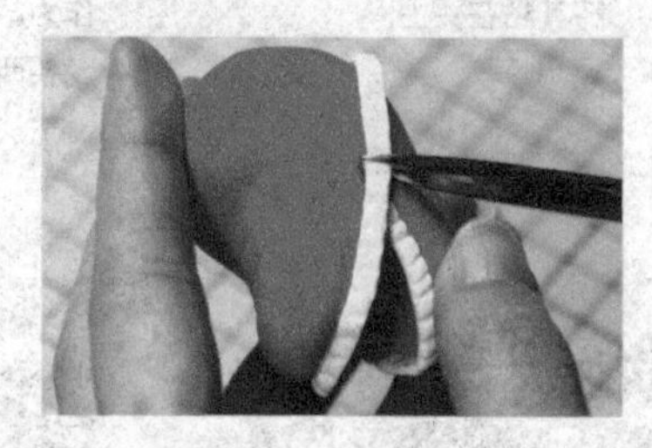

14. 将白色黏土片贴在嘴上。

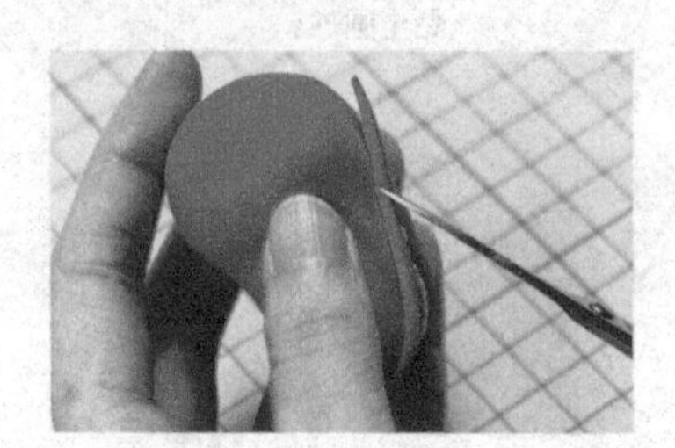

15. 在牙齿外包一圈红色黏土细长条。

16. 贴上舌头。

17. 选择合适的丸棒压出眼窝。

18. 准备两个大的白色和两个小的黑色黏土圆球，加上眼睛。

19. 用牙签戳出鼻孔。

20. 贴上绿色眉毛，同时用剪刀剪出纹理。

21. 用绿色黏土做出龙角并将其粘在头上。

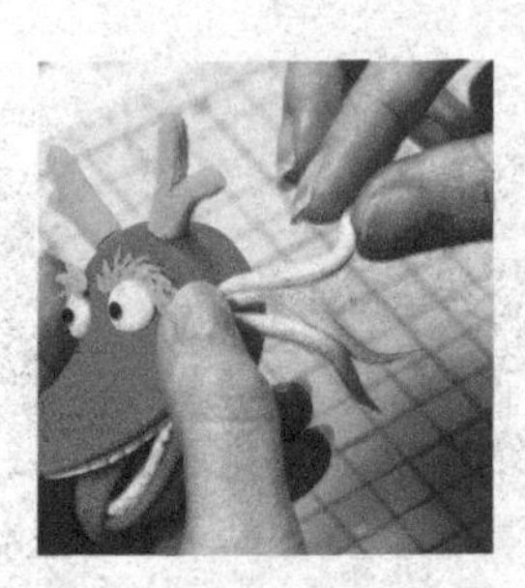

22. 用黄色黏土搓若干细条作为胡须，将胡须粘在龙头两侧。

23. 用牙签把龙头固定在脖子上。

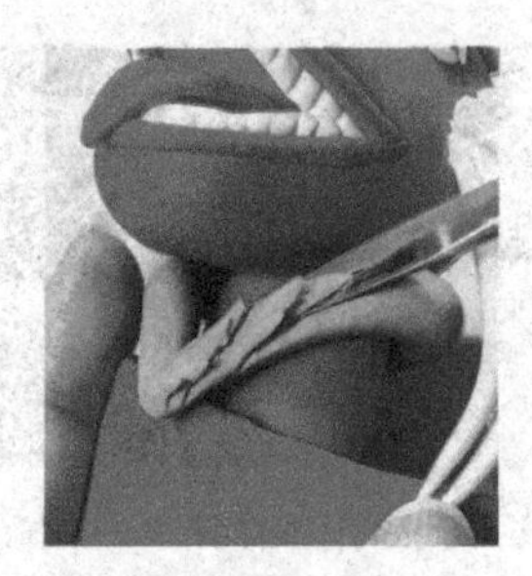

24. 用绿色黏土条制作龙的绒毛。

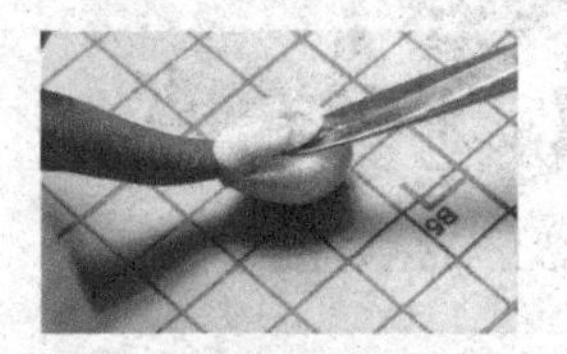

25. 将黄色水滴形粘在尾巴上。并将其剪成毛茸茸的效果。

26. 用勾线笔蘸取金色丙烯在龙舟上画出鳞片。完成制作。

27. 准备3个一样大的白色黏土圆球。

28. 用手掌压扁，再挤成三角形。

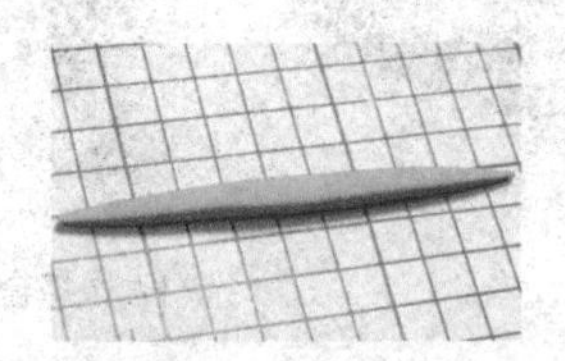

29. 用绿色黏土搓成梭形。

30. 用擀泥杖把绿色菱形黏土擀成片。用压泥板在薄片上压出粽叶的叶脉纹理。

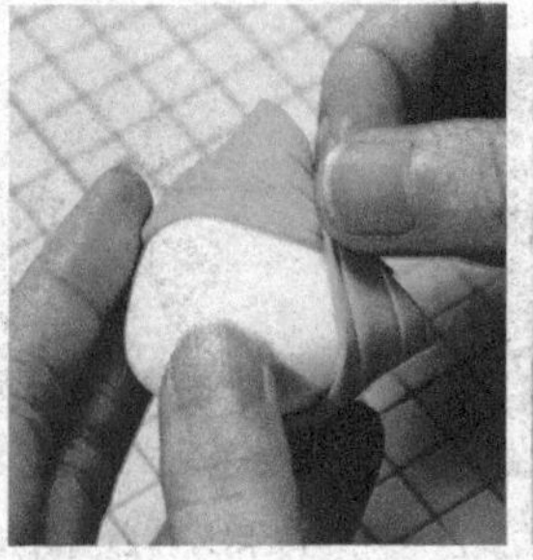

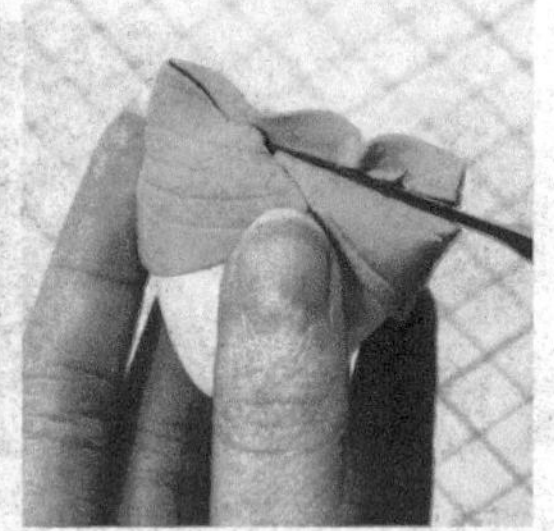

31. 把粽叶贴在三角形上，剪去多余的部分。

32. 给做好的粽子上画上不同的可爱表情，并用小圆球作为小手手。

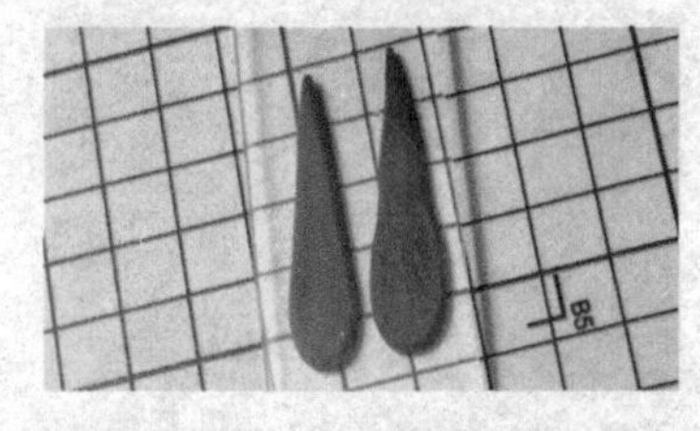

33. 用压泥板把两个棕色水滴形黏土压扁。

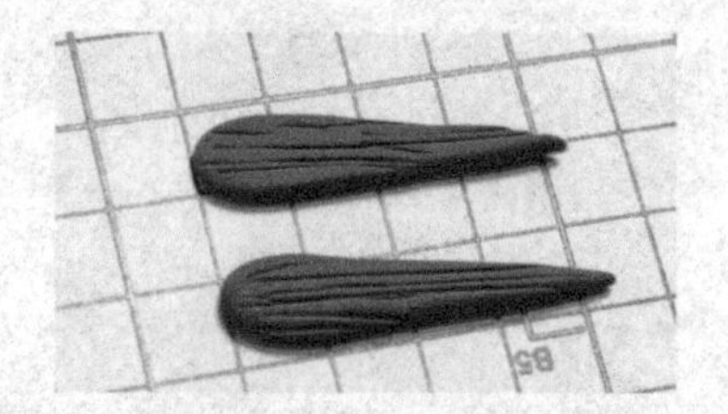

34. 用七本针刮出纹理做船桨。

35. 用白色和蓝色黏土混合，并用擀泥杖将其擀成薄片。

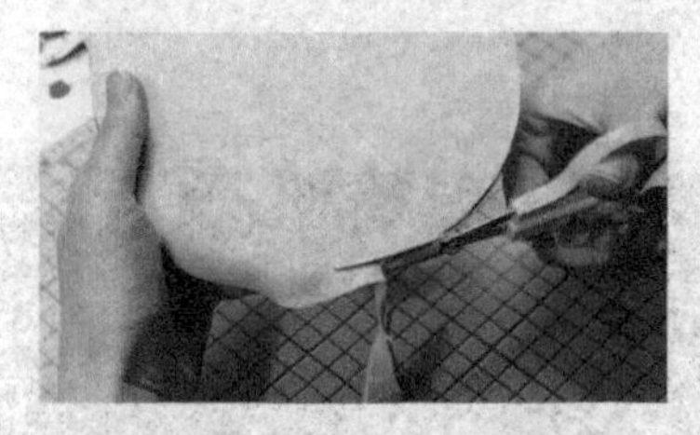

36. 在圆形木片上涂上白乳胶。把黏土片粘在木片上并剪去多余部分。

37. 用尖头工具划出水波纹。

38. 把龙舟固定的底座上，再把做好的3个粽子和船桨也放上去。

39. 用不同深浅的蓝色黏土条卷成浪花造型，并将其拼在一起，做出多组浪花。

40. 把制作的浪花部件固定到底座边缘。

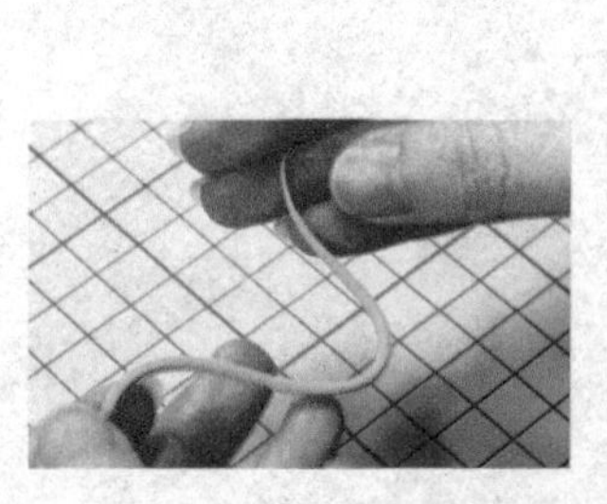

41. 将两个绿色长条用手指弯曲，把胡须粘在鼻头两侧。完成制作。

Chapter 6

第6章

梦幻世界黏土画的制作

超轻黏土不只能做出一个个立体萌物，还可以与相框搭配，制作各种黏土画。黏土画的做法很简单，贴在画面生动有趣，能做出很不一样的效果。下面就来和我一起做一下吧！

推荐黏土配色

1 神秘的奇妙太空

“太空为什么是黑色的?”

“我们生活的宇宙有多大？”

“在太空里会长高高吗？”

孩子们对于太空，总会有各种各样的疑问。太空很神秘也很奇妙，保持着好奇心去探索，就会得到答案。这里，我们就先来看看奇妙的行星运动吧！

1. 在相框面板涂上白乳胶后，铺满黑色黏土，用黑色背景去呈现太空环境。

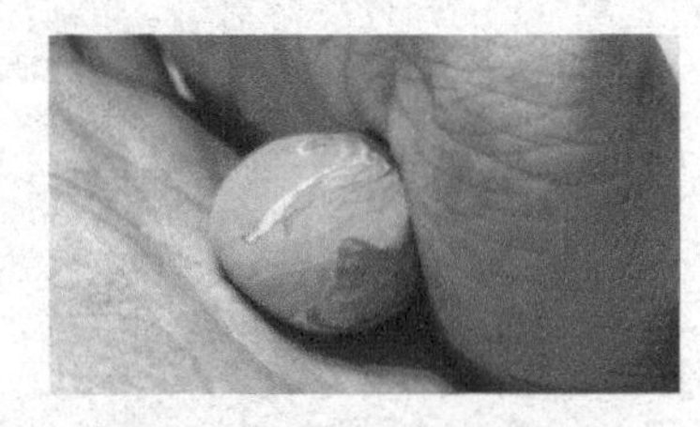

2. 将蓝色、白色和绿色黏土混合并揉成圆球，注意不要将黏土颜色混合均匀，做出地球的色彩效果。

3. 用手掌把黏土圆球压成半球形。

4. 将半球形粘在相框中心位置上。

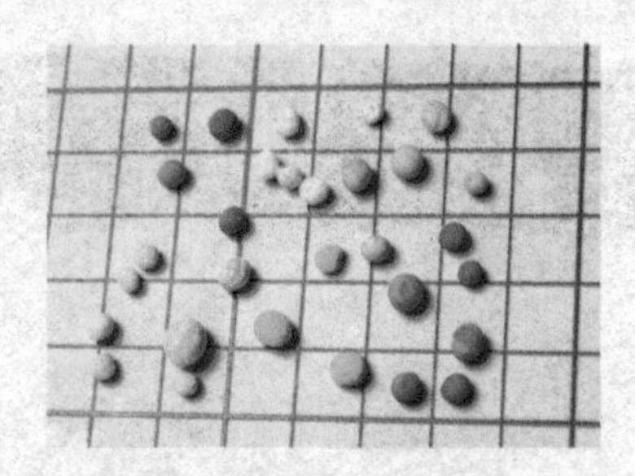

5. 揉一些五颜六色的小圆球作为太空里的星球。

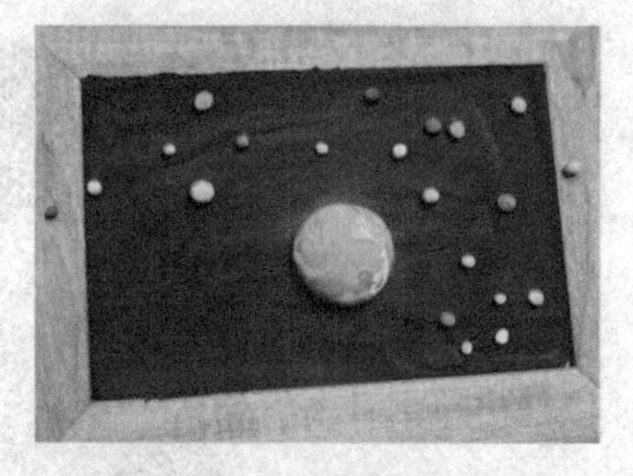

6. 用牙签蘸取白乳胶将小圆球粘在背景上。

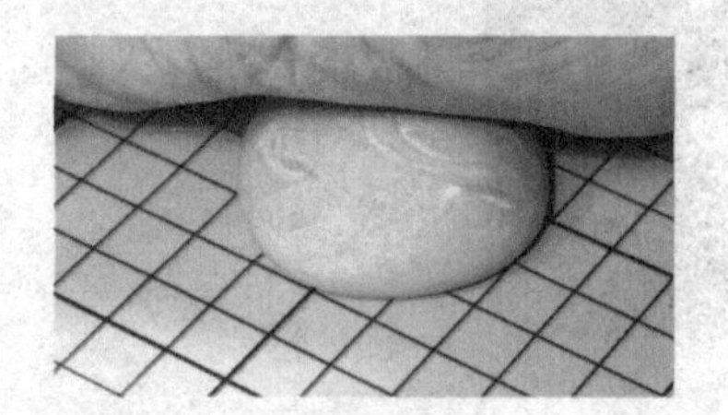

7. 用步骤2~步骤3相同的方法，制作一个灰色和白色黏土混合的半球形作为月球。

8. 把月球粘在相框的左下角上，并用羊角刷戳出坑坑洼洼的肌理。

9. 在月球上贴上小圆球，并用丸棒按压中间，压出坑。

10. 用相同的方法，给月球加上大大小小的坑。

11. 用羊角刷戳出纹理。

12. 用色粉刷蘸取各色色粉刷在小球边缘，塑造出星球的光感。

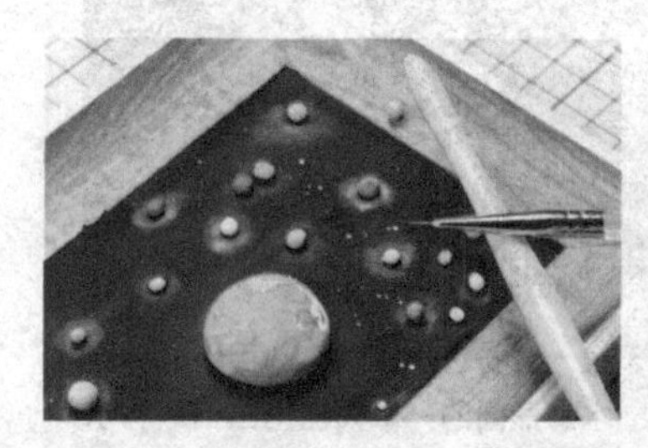

13. 敲打画笔，撒上白色丙烯，用金色丙烯画出星星，完成制作。

推荐黏土配色

2 趣味海底畅游

海底世界是个神秘的世界，在蓝色的大海里生活着各种类型的生物。有造型各异、色彩鲜明的珊瑚、水草与贝壳，还有丰富多样的鱼类，它们在海底世界里自由地生活。

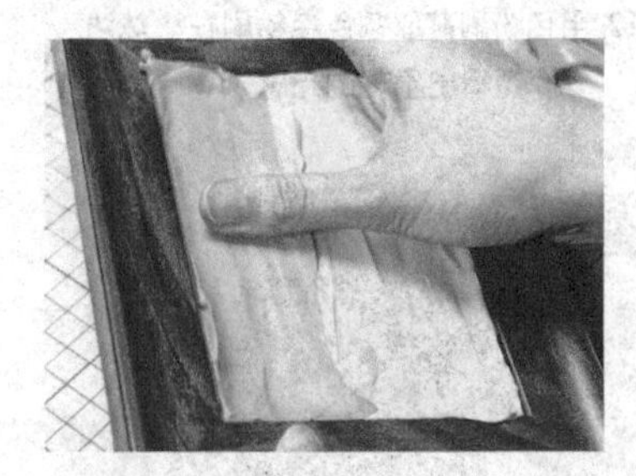

1. 按由浅到深，将浅蓝色、深蓝色黏土铺满相框。

2. 用橘色黏土搓一些细长的水滴形，将水滴形拼成一簇，第1种珊瑚做好了。

3. 搓一些粉色水滴形，并用小丸棒在水滴形圆的一端处压出凹槽。将水滴形拼在一起，做出第2种珊瑚。

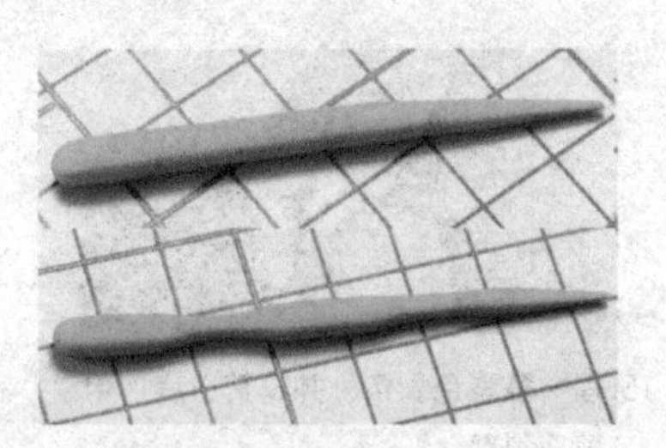

4. 将绿色黏土搓成长水滴形。把长水滴形搓成粗细不均匀的状态，用来制作海带。

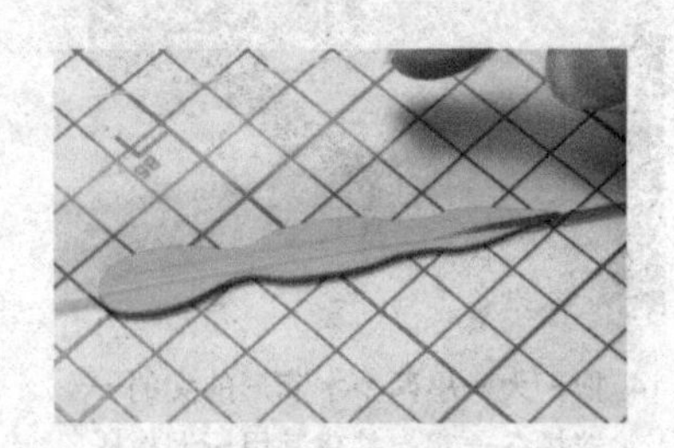

5. 先用压泥板将深绿色黏土压扁，再用压泥板压出海带中间的脉络。

6. 用相同的方法制作两片大海带，两片小海带。将其拼成一簇。做出不同颜色的珊瑚。

7. 在相框右下角堆叠一些用黑色黏土做的石头，并用羊角刷戳出礁石质感。

8. 把做好的海带、珊瑚固定在相框底部与礁石上，效果如图。

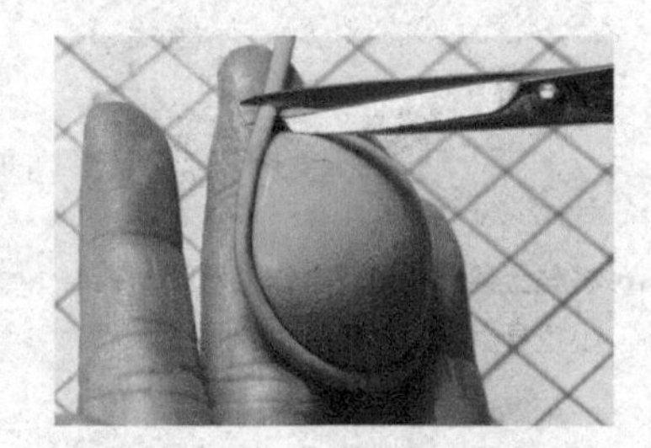

9. 用深绿色黏土做出半球形和长条。把长条围绕半球形粘一圈。

10. 在半球形上粘上嫩绿色小圆片。

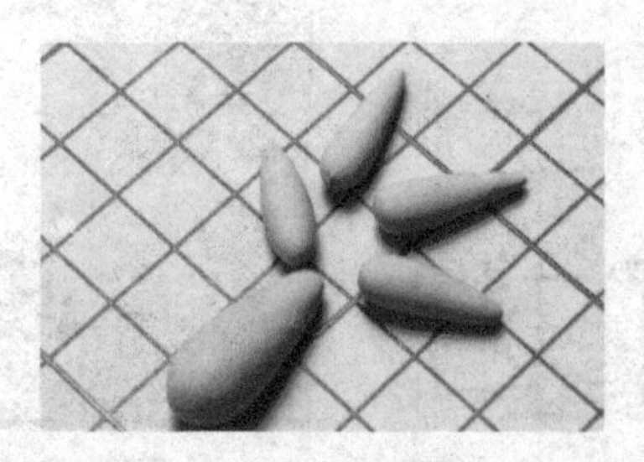

11. 准备一个大的和4个小的，共5个土黄色水滴形。

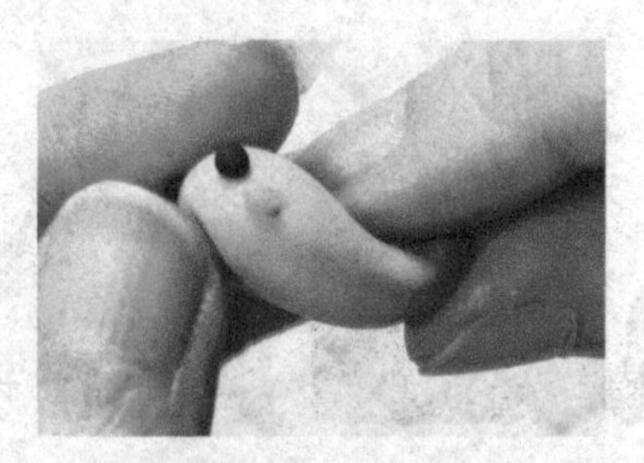

12. 在大水滴上贴上黑色眼珠、粉色腮红，再弯曲海龟脖子。

13. 把海龟各部件拼在一起。

14. 把一大一小两个水滴形的尖的一端拼在一起，并将其用压泥板压扁。修剪鱼尾，贴上眼珠。

15. 捏一条紫色长条，并将其压扁，用剪刀斜剪。

16. 将黏土条贴在鱼背上作为背鳍。在小鱼身上贴上白色条纹和腮红。

17. 用相同的方法再做一条粉色小鱼。加一些白色黏土圆球作为泡泡。用白乳胶将小鱼、乌龟、泡泡固定在画面中。

18. 用压泥板斜压白色黏土圆球，压出贝壳的形状。

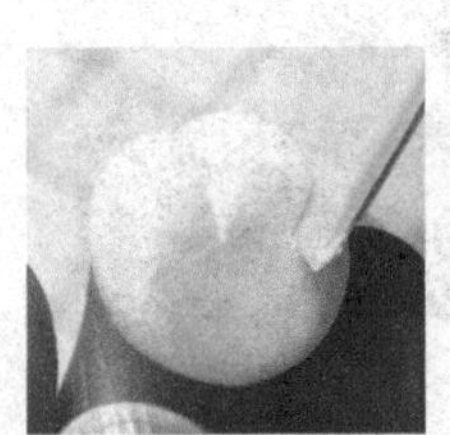

19. 用刀形工具压出贝壳的花纹。

20. 给贝壳尾部粘上一条小黏土条。多做几个小贝壳，粘在相框内，完成制作。

3 甜美的甜品屋

一家用冰淇淋造型设计的神奇甜品屋，某一天，它的蛋筒形房顶突然地被甜品给压倒了。这时，一起跑出的马卡龙帮助冰淇淋球，努力地支撑着屋顶，不让甜品屋倒下。这幅甜品屋黏土画以小朋友喜欢的各类甜品为创作元素，画面生动，极具趣味性。

推荐黏土配色

1. 在相框内平铺浅蓝色和白色黏土。

2. 将白色、棕色、橘色、黄色4种黏土混合均匀。

3. 用擀泥杖将调出的黏土擀成片。用剪刀把黏土片修剪成圆形。

4. 用压泥板在圆片上压出一组平行线，再斜着压出另一组平行线，形成菱形格。

5. 把圆片卷成蛋筒的形状。用剪刀修剪蛋筒边缘。

6. 揉一个浅紫色黏土圆球并将其固定在相框底边中间位置上。

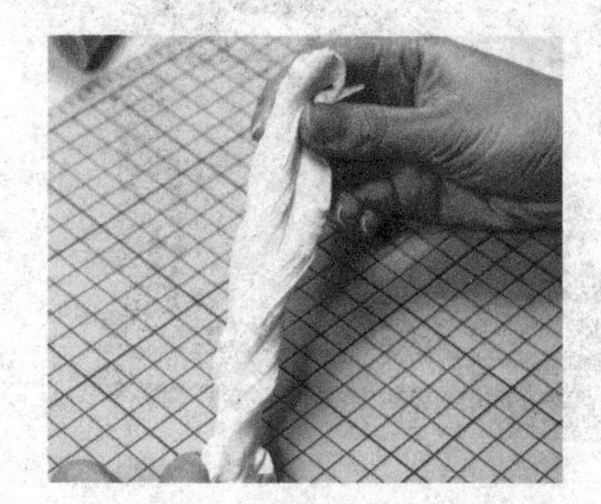

7. 将白色黏土反复拉扯，拉出奶油的感觉。

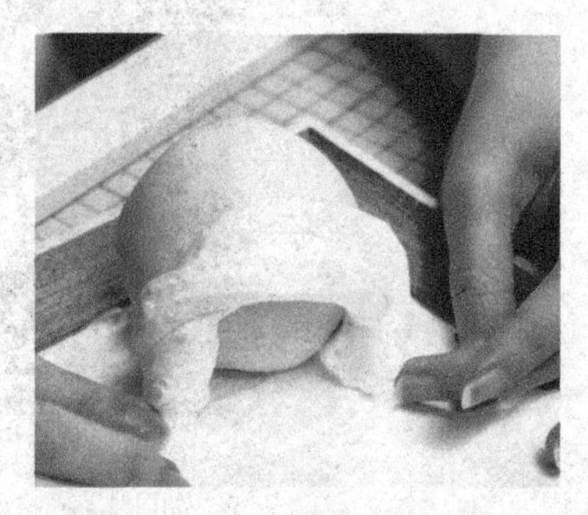

8. 把奶油堆砌在浅紫色冰淇淋球的右上角。

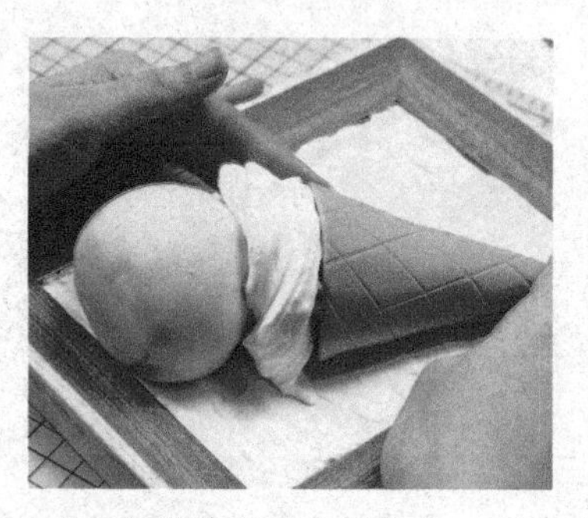

9. 把蛋卷斜着固定在奶油上。

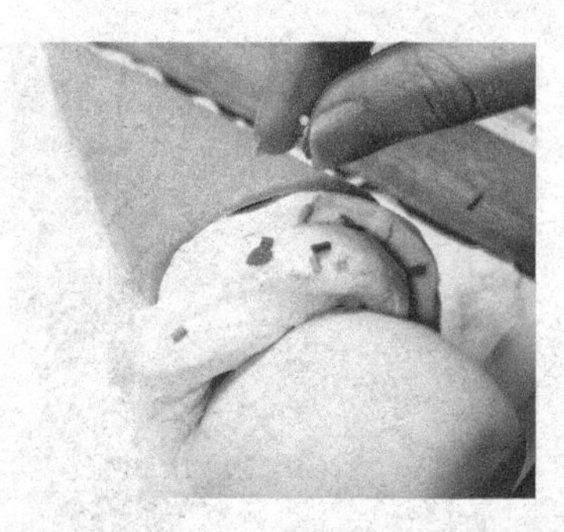

10. 在奶油上抹上白乳胶，撒上仿真彩色糖粒。

11. 按照蘑菇城堡案例中门的制作方法，做一扇门贴在冰淇淋球上。贴上台阶，加上窗户，完成制作。

12. 搓粉色和白色黏土细长条，并将其细长条并在一起，卷成棒棒糖的形状，修剪造型。

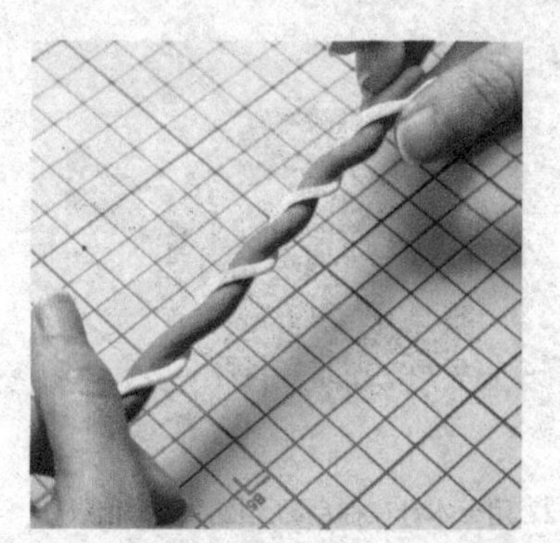

13. 搓棕色粗长条和白色细长条，将两根长条搓在一起。

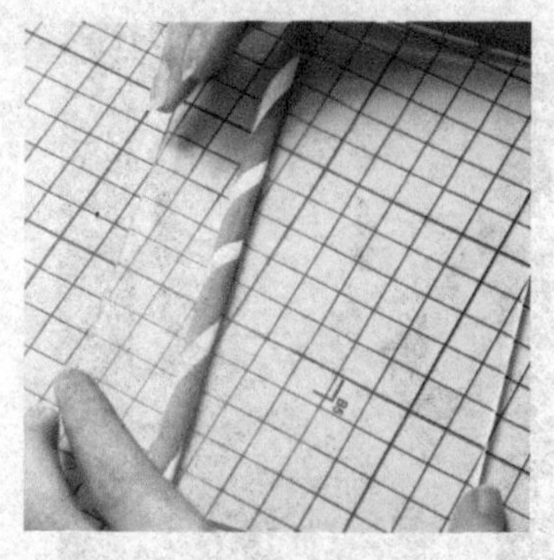

14. 用压泥板轻轻地将长条表面压平滑。

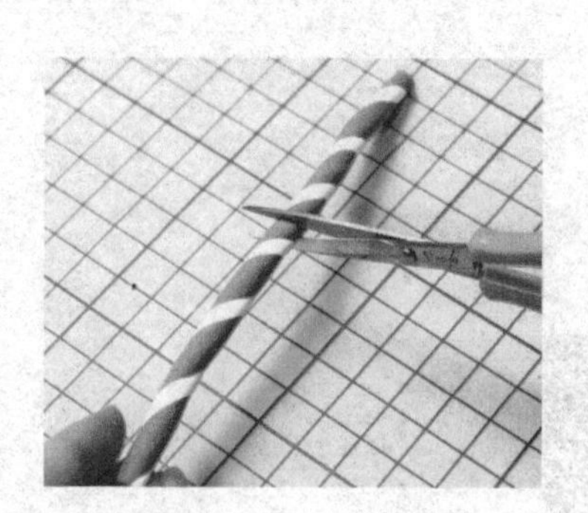

15. 剪成2段。

16. 结合在前面章节掌握的夹心饼干、草莓、叶子等物品元素的做法，准备图中给出的装饰物。

17. 组装饼干。

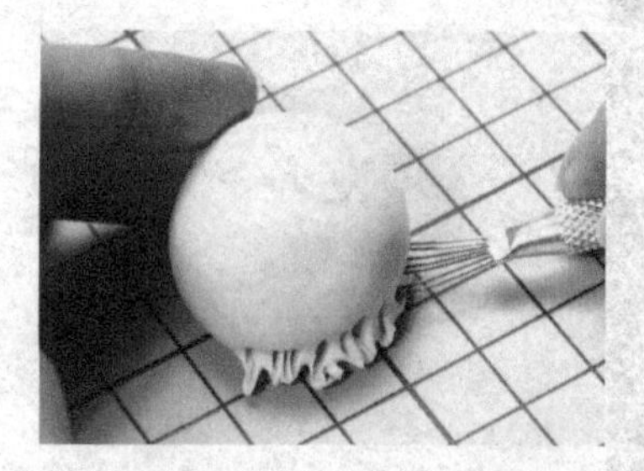

18. 用七本针在浅绿色黏土圆球下端刮出冰淇淋球的边。

19. 用羊角刷搓出冰淇淋球的纹理。

20. 用相同的方法再做一个大些的浅黄色冰淇淋球。

21. 把制作的装饰物全部固定在相框上里，给夹心饼干画上小表情。

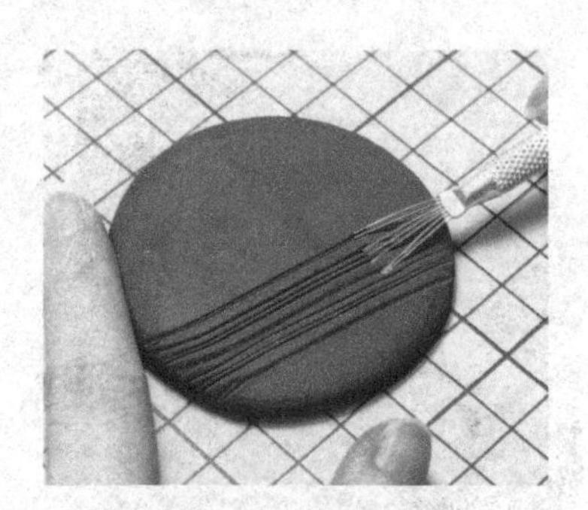

22. 用七本针在棕色黏土圆片上刮出纹理，塑造出地面效果。

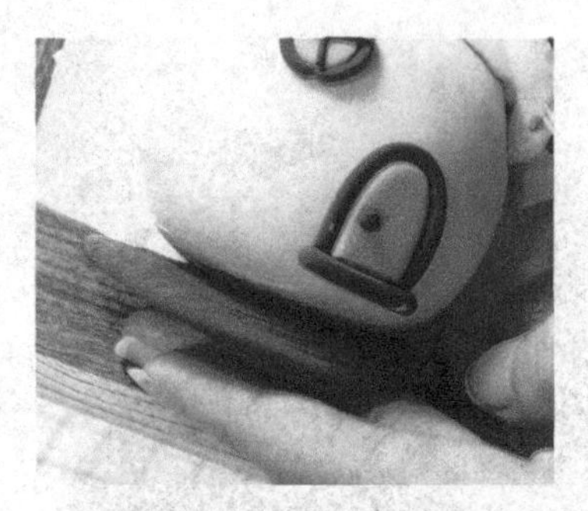

23. 用刀形工具切去多余部分。在甜品屋底部涂白乳胶，把黏土片粘上去。

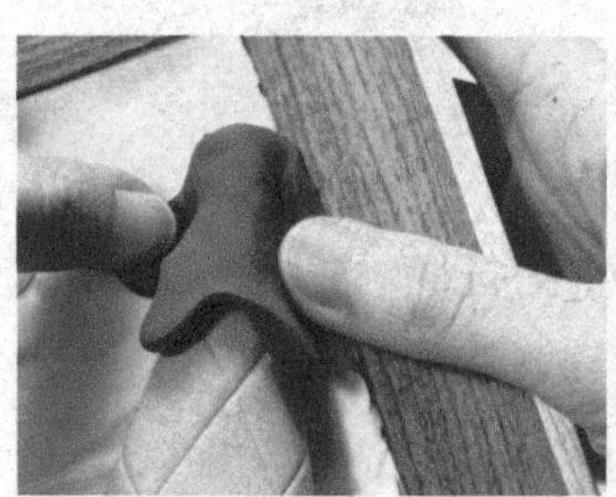

24. 将棕色黏土拉扯成不规则的形状黏土片。将黏土片贴在蛋卷顶端，完成制作。

4 梦幻的蘑菇城堡

每个孩子都会幻想自己是小王子或小公主，想拥有一座属于自己的城堡，城堡里面放着全是自己喜欢的东西。在奇幻世界里，我们就做了一座蘑菇城堡哦！整个城堡的外形都是蘑菇造型，地面的草堆里开满了漂亮的小花花。

推荐黏土配色

1. 在相框面板上均匀涂抹白乳胶，以便让黏土牢牢地粘在面板上。从上至下，依次在相框面板上粘上浅蓝色和浅绿色黏土，做出蓝天和草地。

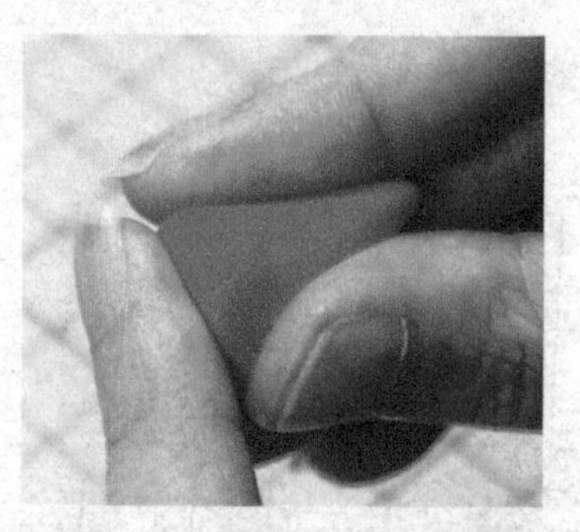

2. 将红色黏土搓成水滴形。用手指把水滴形捏成三角形。

3. 用相同的方法，做出若干大小不同的三角形部件。用白色黏土做出若干个长短、大小不一的圆柱形。

4. 按各自喜好把圆柱形和三角形黏土配件组合成蘑菇造型，拼成城堡的造型。

5. 将肤色黏土搓成长圆柱形。

6. 用压泥板把长圆柱形压扁成薄片。剪下一半。

7. 在门的外围包一圈棕色黏土长条，添加门框。给门加上一个棕色小球做的把手。

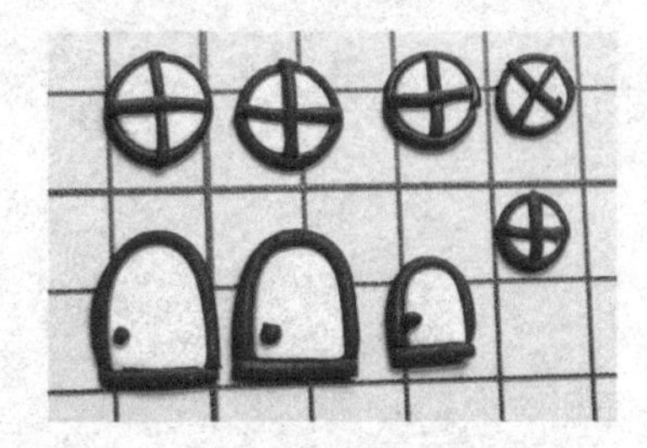

8. 用相同的方法制作一些门和窗户等部件。

9. 把门和窗户贴在蘑菇城堡上。

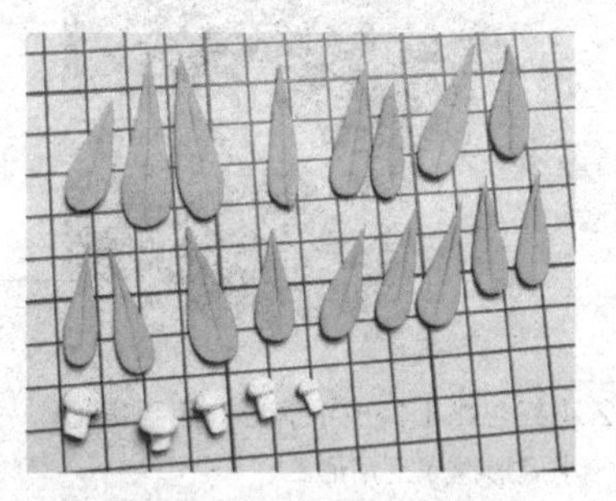

10. 用第2章植物园中学到的叶子、蘑菇的方法，制作一些绿叶和小蘑菇。

11. 把叶子和蘑菇粘在城堡底部。再制一些粉色花花做装饰，完成制作。